信息科学与工程系列专著

飞参通道标校技术

邸亚洲　王小飞　曲建岭　周胜明　王元鑫　著

电子工业出版社
Publishing House of Electronics Industry
北京·BEIJING

内 容 简 介

本书涵盖了飞参通道标校技术的理论研究和工程应用，以及飞机飞参数据分析和应用等方面的一些研究成果。在作者带领的研究团队近十多年来的工程经验、研究成果和发表论文的基础上，本书对飞参系统工作原理、飞参通道标校原理、飞参通道标校设备和飞参通道标校的工程实现等方面进行了系统归纳和总结。

本书既有理论性知识，又有工程实际应用范例，可作为从事飞参数据应用研究工作的有关人员的参考用书。

图书在版编目（CIP）数据

飞参通道标校技术 / 邸亚洲等著. —北京：电子工业出版社，2020.9
ISBN 978-7-121-39531-4

Ⅰ．①飞… Ⅱ．①邸… Ⅲ．①飞机—飞行参数 Ⅳ.①V241.4

中国版本图书馆 CIP 数据核字（2020）第 169305 号

责任编辑：赵玉山　　　特约编辑：田学清
印　　刷：北京盛通商印快线网络科技有限公司
装　　订：北京盛通商印快线网络科技有限公司
出版发行：电子工业出版社
　　　　　北京市海淀区万寿路 173 信箱　　　邮编：100036
开　　本：720×1000　　1/16　　印张：8.25　　字数：118.8 千字
版　　次：2020 年 9 月第 1 版
印　　次：2020 年 9 月第 1 次印刷
定　　价：69.00 元

前　言

　　飞行参数记录系统（以下简称飞参系统）记录了飞机在飞行过程中的大量参数，这些参数蕴含丰富的信息。对飞参系统记录的数据（以下简称飞参数据）进行处理，从中提取设备的工作状态、性能变化趋势等信息，从而辅助地勤人员对飞机进行视情维修。飞参数据的准确性是制约其研究与应用的关键因素之一。因此，定期标校飞参数据采集通道对提高飞参数据的准确性具有十分重要的意义。

　　本书以重大科研课题"飞参通道标校工程"为背景，以提高飞参数据的准确性为目的，围绕飞参通道标校理论体系的构建、标校设备的研发设计和飞参通道标校的工程实现等进行了一系列的探索。

　　首先，简要介绍了飞参系统的基本知识，研究了飞参数据在采集编码过程中产生的测量误差，在此基础上提出了飞参通道标校理论，并系统地研究了标校的原理、方法和时机。其次，详细研究了操纵系统位移测量装置、油液压力给定装置、通用检查仪、无线电高度检查仪、振动检查仪和标准检查仪六项飞参通道标校设备的设计与实现，为飞参通道标校工作的实施提供了硬件平台。最后，按照标校类别的不同，选取典型飞参通道制定了某型飞机飞参通道的标校工艺，并建立了参数校准曲线。这对减小飞参通道的累积测量误差、提高飞参数据的准确性，从而推动飞参数据的研究与应用具有重要的意义。

　　本书由邸亚洲、王小飞、曲建岭、周胜明、王元鑫、袁涛和孙中华等共同撰写，高峰、姚凌虹、高峰娟、稽绍康、刘泽坤和韩继凯参与了本书的排版、校对和绘图等工作，在此一并表示感谢。由于作者理论水平有限，以及研究和实践工作的局限性，书中纰漏在所难免，不当之处敬请读者批评改正。

编者

2020 年 5 月

目　录

第 1 章

绪　论

 1.1　研究背景

近年来，现役飞机大量加装飞参系统，随着以计算机、传感器、存储器和数据处理为核心的飞参技术的发展，飞参数据越来越趋于科学化、全面化。飞参数据的研究与应用也得到了快速发展，其应用已经从过去单一的飞行事故调查，逐步扩展到飞机发动机状态监控、飞行考核、辅助机务维修保障和飞行训练质量评估等领域，在保障飞行安全、飞行训练和飞机维护方面发挥了重要作用。此外，飞参数据在故障的诊断与预报、测试验证飞机的设计性能等方面的应用研究也在不断深入[1-5]。

我国飞参系统的使用首先是从进口飞机开始的，飞参系统的最早使用是某型飞机装备的俄制磁带式飞参系统。后来，国产老式、新式歼击机型与轰炸机在出厂时就都配备了飞参系统，国外直升机和战斗机在引进时也自带了飞参系统。现役飞机飞参系统的加改装工作是从 21 世纪开始的。最初完成了多架飞机飞参系统的加改装工作；之后，随着飞参技术的发展，又完成了多架飞机飞参系统的加改装工作，第三代飞参系统逐步更换为第四代飞参系统。至此，现役飞机飞参系统的加改装工作已基本完成。

飞参系统的使用对军队战斗力的提升有巨大的推动作用。然而在飞参系统的使用过程中，经常出现部分记录参数误差较大、记录参数与仪表指示不一致等问题，严重制约了飞参数据的正常使用和飞机技术保障工作的信息化建设。针对这些问题，本书以重大科研课题"飞参通道标校工程"为背景，对飞参通道标校原理及工程实现进行了系统的研究。

1.2　研究意义

飞参数据的准确性和可靠性是其被有效应用的前提与保障。由于飞机在飞行过程中处于高速、高负荷的运动状态，所以飞参系统在各种参数的采集、传输和记录过程中不可避免地会受到一些电磁干扰。同时，传感器误差、传输延迟误差和采集误差等因素综合作用的影响使飞参数据必然含有一定的测量误差[6]。飞参数据的预处理技术是近年来发展较快的一项技术，它采用趋势项分离、异常数据的识别定位、缺损数据的补正、时间标校和降噪滤波等方法来处理飞参数据，可以在一定程度上减小飞参数据的测量误差，提高飞参数据的准确性[7, 8]。

通过对我军飞参系统使用情况进行调研发现，飞参数据中存在部分具有统计规律特性的随机误差和误差因素可以掌握的系统误差，不能通过常规的预处理方法来消除它们。同时，在利用飞参数据判读机载设备故障时，经常出现记录参数与对应的仪表指示值相差较大，发动机启动时记录的排气温度明显偏高，左、右发液压压力相差较大，气压高度与无线电高度相差较大等异常情况，给飞参数据的正常判读带来了困难[9-11]。如果采用硬件改进的方法来解决这些问题，则需要对机载设备的技术性能指标提出苛刻的要求，这在技术上，目前难以实现；而采用对飞参通道进行标校的方法则可以很好地解决这些问题。

通过飞参通道标校，可以有效减小飞参通道的累积测量误差，进一步提高飞参数据的准确性。同时，可以间接地检验飞参通道的工作性能、辅助查找飞参数据异常现象的原因、判断仪表通道的性能。因此，研究飞参通道标校的原理与工程实现，对于提高飞参数据的综合应用效益具有十分重要的意义。

 ## 1.3 国内外研究现状

1.3.1 国外研究现状

国外对飞参数据的研究起步较早，研究内容也比较丰富。目前，国外飞参系统发展的方向如下：一是对飞行数据和座舱音频、图像等更大范围的综合记录器的研制；二是对飞机征兆管理系统（PHMS）的验证和研制[12-15]。随着对飞参数据研究的不断深入，飞参系统将从简单的记录逐渐向智能化处理的方向发展，不仅能判断故障、隔离故障，还能监控飞机的健康状况、预测故障。

在提高飞参数据的采集精度方面，西方国家大多利用自动测试设备对机载测量系统进行校准，从而提高飞参系统的工作性能[16-20]。许多欧美国家都有严格的机载测量系统校准体系。美国常用军用标准 MIL-STD-45662A 中规定了建立、维护一套校准系统的要求，目的是通过校准系统来控制包括机载测量设备在内的计量测试设备的精度[21]。美国空军使用便携式自动测试系统校准仪（PATEC）来进行机载测量设备的校准工作，其校准过程主要在精确测量设备实验室进行[22]。由于军事和商业等方面的需求，许多欧美国家都致力于开发小型、轻便、经济且硬件可互换的自动校准仪器[23]。

俄罗斯空军也十分重视飞参数据校准方面的研究，其现役机型都配备了相应的模拟量参数通道校准设备，并定期对模拟量参数通道进行校准。俄罗斯空军通过标定飞参通道、建立参数校准曲线的方法来校准飞参数据，该方法主要针对模拟量参数，具体过程是：首先在整个被校准参数量程范围内选取若干相等间隔的点来标定飞参通道，然后通过直线连接各标定点参数的平均值来建立参数校准曲线。该方法多采用机械式校准设备，参数校准曲线的建立方法比较简单，但参数校准精度不高。

1.3.2 国内研究现状

国内对飞参数据的研究起步较晚，但进展较快。目前，国内飞参数据研究的热点集中在飞参数据的智能处理方法、飞参数据库的建立、飞参数据库的信息挖掘、飞参数据的综合管理等方面[24]。

国内关于飞参通道标校技术研究的报道较少，且无完整的理论体系。一些高等院校和工厂等单位都开展了飞参数据校准方面的工作，其校准方法主要是给飞机通电，以参数的测量器具测量值或座舱仪表指示值等作为标准，与飞参卸载校验器记录的数据代码进行对比，从而建立飞参数据库[25]。一方面，该方法可校准参数的数量有限，对于有些参数，也很难做到全程补偿；另一方面，部分参数在校准时选取的信号参照标准可靠性不高，且容易受人工操作等因素的干扰。因此，该方法很难满足先进飞参系统的参数校准要求，其应用受到了一定的限制。

此外，国内一些单位在飞参通道标校技术的基础理论方面做了大量的研究工作，在飞参通道标校设备的研发设计等工程应用方面也展开了前瞻性的探索。在深入研究机载飞参系统组成及飞参数据测量误差产生原理的基础上，提出了飞参通道标校的概念，即在被测飞参通道正常工作的前提下，利用专用的标校设备和飞参外场检测处理机对由传感器、信号传输环节和采集器组成的飞参通道进行测量，从而获得飞参数据的二进制代码和物理量工程值之间的对应关系，并借助飞参地面处理软件对飞参数据进行校准。目前，结合飞机的实际需求，已研制出适用于直升机、歼击机、轰炸机、歼击轰炸机和运输机等多型现役飞机的六项飞参通道标校设备，且均已配备在实际装备中使用。

飞参系统记录参数的不断增加，以及飞参数据应用领域的日益广泛，对飞参通道标校技术提出了更高的要求。随着测试计量技术和数据处理技术的不断发展，飞参通道标校技术也在逐步改进，并向着全方位、智能化、高精度的方向发展。

 ## 1.4　全书概况

本书主要内容编排如下。

（1）以典型飞参系统为例，介绍了飞参系统的基本知识，并简述了其功能、组成及工作原理。

（2）研究了飞参数据的采集、记录、编码解码过程，以及飞参数据中存在的测量误差，并在此基础上提出了飞参通道标校理论；介绍了飞参通道标校的时机，并从标校方法分类、标校所需设备、标校实施办法和标校数据处理方面对飞参通道标校的方法进行了详细的阐述。

（3）从飞参通道标校设备的设计原则和功能需求出发，从总体设计、软硬件设计、使用及操作等方面详细介绍了操纵系统位移测量装置、油液压力给定装置、通用检查仪、无线电高度检查仪、振动检查仪和标准检查仪六项飞参通道标校设备的设计与实现。

（4）介绍了飞参通道标校工艺制定的原则，并按照标校类别的不同，选取典型飞参通道制定了某型飞机飞参通道的标校工艺。

第 2 章

飞参系统简介

飞参系统是一种对飞机及其系统工作状态参数进行测量、记录和处理的综合监测系统[26]。早在 20 世纪 40 年代，一些工业发达国家就开始研制飞参系统了，主要为事故调查和事故分析提供依据。早期的飞参记录器用铝箔、磁带等作为记录介质进行模拟记录，随着电子技术的进步而发展为数字记录，记录参数也由早期的几个发展到现在的上千个，飞参系统的采样速率和记录精度也在不断提高。这些技术的进步大大增大了记录的信息量，为更完整地了解飞机及其系统工作状态提供了依据。80 年代后期，国外开始研究用固态存储器作为记录介质，以取代磁带记录器；90 年代初，研制了很多正式产品。固态飞参记录器具有体积小、重量轻、可靠性高、转录数据快和记录速率高等优点，因此发展很快。

我国对飞参系统的研究起步较晚，70 年代末开始自行研制飞参系统，目前，共研制了四代产品[27-29]。第一代产品是 80 年代初设计定型并装备战斗机的飞参系统，记录介质是磁带，电子线路采用的是分立元件和小规模集成电路，没有抗坠毁壳体；第二代产品是用于运输机的磁带式飞参系统，记录时间长，采用的是中大规模集成电路，具有抗坠毁壳体，且其坠毁幸存性能符合国际通用标准 TSO-C51a，可用于事故调查和事故分析；第三代产品是在 90 年代初研制成功的，以固态存储器为记录介质，采用的是大规模、超大规模集成电路技术，总线技术和数据压缩等较先进技术，其采集参数多、记录精度高，具有优越的抗坠毁性能，记录数据不仅可用于事故调查，还可为发动机和机载设备的故障诊断及预报提供依据，是具备同时期国际较先进水平的产品；第四代产品是在 90 年代末至 21 世纪初研制成功的，装备于我军新型国产战斗机上，其记录参数更多、精度更高、存储容量更大、技术更先进[27]。下面对飞参系统的功能、组成、工作原理进行介绍[30-33]。

2.1 系统功能

通过飞参系统配套的随机设备、地面设备对飞参系统采集和记录的飞行数据进行还原、处理、分析。目前，飞参数据的功能主要表现在以下几方面。

（1）对飞行训练质量进行辅助评估，实现飞行训练考核，提高飞行训练质量。

（2）建立飞行档案，为实现单机监控、确定单机寿命提供科学依据。

（3）为飞机和发动机的监控与维护提供科学依据。

（4）提供飞行统计数据，为制定飞机的载荷谱提供科学依据。

（5）为与之交联的机载设备的视情维修提供依据。

（6）为飞行事故提供失事前的关键信息，为飞行事故调查和事故分析提供依据。

事实上，随着对飞参数据应用价值的深入研究和开发，以及对飞参数据的应用领域研究的不断发展和深入，飞参数据将会有更多的应用。

2.2 系统组成

典型的飞参系统由机载部分、一线检测设备、二线检测设备和地面数据处理部分组成。

2.2.1 机载部分

某型飞参系统的机载部分各部件及其数量如表 2-1 所示。

表 2-1 某型飞参系统的机载部分各部件及其数量

序 号	名 称	数 量
1	断路器	2
2	采集记录器	2
3	角位移传感器	5
4	三轴加速度计	1
5	拷贝插座	1

由表 2-1 可知，机载部分除了采集记录器，还包括 5 个角位移传感器（分别用于测量副翼角位移、升降舵角位移、方向舵角位移）、1 个用于测量加速度的三轴加速度计、2 个断路器和 1 个拷贝插座。机载部分的主要任务是对飞行数据进行采集和记录。

采集记录器是飞参系统的主要机载部件，它采用了计算机技术、固态存储器技术、大规模集成电路和抗坠毁技术，其外形如图 2-1 所示。

图 2-1 采集记录器外形

采集记录器的软件和硬件采用的是模块化设计，具有可扩展能力强、可靠性高、易于维护的优点。此外，系统还提供了加电 BIT、键控 BIT、维护 BIT、周期 BIT 四种自检方式，自检结果可由面板上的指示灯指示。在主控计算机的控制下，采集记录器按用户定义的格式对飞机有关设备或总线输出的模拟信号、频率或周期信号、开关信号进行采集。当满足启动记录条件时，采集的飞参数据将被记录在固态存储器中。

2.2.2　一线检测设备

飞参系统的一线检测设备（外场检测设备）为飞参外场检测处理机，是飞参系统的地勤维护设备，主要用于飞参系统的检测、日常维护、数据卸载等方面，是飞参系统中一个非常重要的组成部分。在飞机飞行之前，在外场用该设备为采集记录器置入履历，并对机载部分进行检测，在飞行结束后，再用该设备把采集记录器记录的飞行数据下载到 PC 卡中。然后把 PC 卡送至飞参地面站进行还原处理。飞参外场检测处理机由基于嵌入式系统的硬件模块构成，是符合 PC/AT 体系结构的嵌入式军用便携机。

2.2.3　二线检测设备

二线检测设备包括接线盒、校验器（飞参系统二线测试仪）、信号测试盒、角位移试验器及三轴加速度试验器，是系统内场检测、维护、排故设备，一般用于在系统装机前和飞机定期检修后对系统进行检查。校验器能向机载飞参系统提供模拟量、频率量、开关量、ARINC429 总线信号等标准信号。信号测试盒用于对通道进行检查。角位移试验器和三轴加速度试验器用于对角位移传感器和三轴加速度计进行检查。

2.2.4　地面数据处理部分

地面数据处理部分的硬件设备是 P Ⅱ（奔腾二）以上具备 PCMCIA 接口的通用微型计算机、打印机、UPS 不间断电源；软件是系统的专用软件——飞参地面数据处理软件。飞参地面数据处理软件主要用于对从飞机上下载到 PC 卡中的飞行数据进行解压缩、特征识别、物理量还原，以得到真实的记录数据，并把这些记录数据以曲线、报表等方式在屏幕上进行显示或通过打印机打印出来。同时，还能利用还原后的数据绘制飞行曲线、模拟座舱仪表等。

2.3　系统工作原理

飞参系统是整体式飞参，采集记录器同时完成数据的采集和记录。飞参系统有主记录器和事故记录器两个记录装置，事故记录器安装在防坠毁壳体中，记录容量一般不少于 15min 的飞行数据。飞行之前，用外场检测处理机为采集记录器置入履历，并对机载部分进行检测；飞参加电后，在主控计算机的控制下，根据一些特定的参数判定是否满足启动记录条件，当满足启动记录条件时，开始按帧结构表对信号进行采集，并将采集的数据以压缩的方式同时记录在两个记录装置（主记录器和事故记录器）中，数据是循环记录的，不同类型的数据文件用履历加以区别；飞行结束后，用外场检测处理机把采集记录器记录的飞行数据下载到 PC 卡中，然后把 PC 卡送至飞参地面站，在计算机上用专用软件对其中的数据进行译码处理，从而得到真实的记录数据。大部分信号来源于机上的各工作系统，采集记录器与机上其他系统的交联关系如图 2-2 所示。

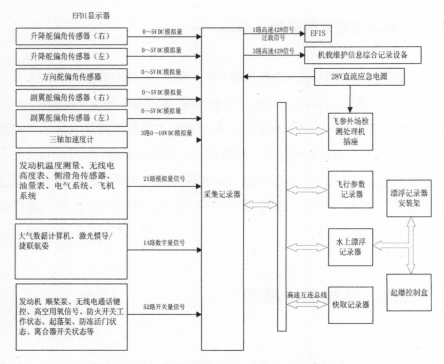

图 2-2　采集记录器与机上其他系统的交联关系

从图 2-2 可以看出，飞参系统与发动机、机载设备和地面检测设备都有交联关系，信号的形式分别为模拟量、数字量和开关量。

其中，大气数据计算机和激光惯导/捷联航姿以 ARINC429 总线向采集记录器提供气压高度、修正气压高度、马赫数、指示空速、总温、真攻角、经度、纬度、真航向、俯仰角、横滚角等 14 路数字量信号。

三轴加速度计提供沿飞机纵轴、横轴和竖轴的加速度模拟量信号，5 个角位移传感器提供升降舵角位移、方向舵角位移、副翼角位移模拟量信号，发动机温度测量提供排气温度模拟量信号，无线电高度表提供无线电高度模拟量信号，侧滑角传感器提供侧滑角模拟量信号，油量表提供燃油/存油量模拟量信号，电气系统提供电源电压、力臂位置模拟量信号，飞机系统提供斜板位置模拟量信号。

　　另外，飞机的有关系统提供起落架放、自动驾驶仪接通、按压左发启动按钮、助力系统液压降监视、主系统液压降监视、总告警灯、武器发射、右发动机加力接通、左发动机加力接通、总油量记录识别、主油量记录识别、座舱盖上锁、按压右发启动按钮、左滑油压降、右滑油压降、起落架收的开关量信号。

2.4　本章小结

　　飞参系统通过传感器，以及与其他系统的交联，采集并记录飞行中的各种信息；数据经过采样、编码进行储存；飞行结束后，再通过地面站软件对数据进行解码还原，以曲线、报表等方式显示。本章以典型飞参系统为例，对飞参系统的功能、组成、工作原理进行了研究，充分了解了飞参系统的基本知识，为飞参数据的应用研究做了必要的准备。

第 3 章

飞参通道标校理论研究

各国现役飞机已大量加装飞参系统,在飞参系统使用情况调研的过程中发现,各机型配置复杂,不同型号的飞参系统在记录参数的数量和类型上也存在很大的区别。因此,有必要对飞参数据的类型及其采编方式等进行研究,为飞参通道标校技术的研究奠定基础。

 ## 3.1　飞参数据测量误差分析

3.1.1　测量误差的定义与分类

测量误差是指数据的测量值与被测数据真值之间的偏差。按照误差特性的不同,测量误差一般可分为随机误差、系统误差和粗大误差 3 类[34-36]。

1. 随机误差

当在一定条件下进行多次重复测量或在时间序列上采集数据时,总存在一种量值和符号都不固定,也无任何变化规律,但从总体上来说又服从一定统计特性的误差,称为随机误差。

对于随机误差,尽管从单个数据来看是无规律的、不可预测的、不能消除的，但是通过对测量样本进行分析，这类误差又具有统计规律性。随机误差的这种统计规律性称为误差分布律。在测量误差理论中，最重要的一种分布律是正态分布律。当然，随机误差还有其他形式的分布律，如均匀分布、三角形分布、偏心分布和反正弦分布等。根据随机误差的分布律，可以对测量数据进行适当的处理。这样，虽然不能消除随机误差，但是可以设法减小它对测量结果的影响。

2. 系统误差

与随机误差相反，在同一测量条件下，在多次重复测量的数据中，量值和符号保持常值或按一定规律变化的误差，称为系统误差。系统误差在数据测量之前就已经存在了，而且在数据测量的过程中，始终以确定的规律影响测量结果。

由于系统误差有一定的变化规律，甚至可以用函数来表示，所以在进行参数处理时，可以预先对其进行修正。然而，由于人们的认识及修正模型逼真程度有限等原因，修正后的系统误差的残差仍占有一定的分量，有时仍明显影响测量结果的精度。因此，需要对系统误差的残差进行进一步的估计和校准。

参数测量结果中的随机误差大，还是系统误差大，往往因情况不同而各异。实践证明，在没有对系统误差进行充分的研究并采取措施以前，系统误差常常比随机误差大，甚至会大好几倍。随着对系统误差的逐步掌握和对测量设备工作性能的不断改善，系统误差也可以逐步减小，不过仍有一定的限度。

3. 粗大误差

粗大误差是指那些由测量条件的意外改变或外界的突然干扰（如突然振动、电源电压的突然变化）等引起的测量误差。含有粗大误差的数据常常与正常数据相差较大，会造成数据失真。在相同条件下对某一参数进行多次采集，如果其中个别或少数数据明显偏大或偏小，则可怀疑数据中含有粗大误差。

一方面，对已确定是在受到外界不正常干扰的条件下测得的数据，应当予以剔除。另一方面，在测量设备正常工作的条件下，由于测量结果的分散性，也可能出现个别正常的、误差较大的测量值，若误认为这些测量值含有粗大误差，在不知原因、不加分析的前提下就轻易将其剔除，就会对余下数据的精度做出过高的估计，由此对数据进行分析而得到的结论是不符合客观实际的。因此，判别粗大误差的界限是一个十分重要的问题。

判别粗大误差的界限，实质上就是确定随机误差的分布范围，如果超出了该范围的偏大的误差，就认为不属于在正常的测量条件下由测量值本身的分散性造成的，应视为粗大误差。然而，粗大误差的实际分布范围与误差的分布规律有关，它的确定取决于数据的测量与统计条件。

当怀疑在测量数据中含有粗大误差而又不明原因的数据时，应按一定的剔除准则来判断。常用的粗大误差剔除准则有 Chauvenet 准则、t 分布检验准则、Grubbs 准则、Dixon 准则等。

3.1.2　飞参数据测量误差源

所有飞参数据都可能含有一定的测量误差，如常见的元件误差、安装误差、初始值误差、原理误差、干扰误差、电子线路产生的误差等[37,38]。飞参数据的测量误差是在其采集、记录过程中一系列误差因素综合作用的结果。如何正确分析和归纳这些误差因素，并正确表述它们的影响，是一个十分重要的问题。

1. 飞参数据随机误差源

飞参数据随机误差的出现没有确定的规律，即在前一个误差出现后，不能预测下一个误差的大小和出现时间，但就误差的总体而言，它们具有统计规律性。

飞参数据随机误差是由很多暂时未能掌握或不便掌握的微小因素造成的，主要包括以下几方面因素的影响。

（1）部件方面因素：传感器零部件配合的不稳定性、连接件的微小变形、压力传感器传动部件间油膜不均匀造成的间隙和摩擦等。

（2）客观因素：温度、湿度与气压等因素的微量变化，灰尘及电磁场的微弱变化等。

（3）传输因素：在信号采集、传输和记录过程中的电磁干扰，以及在传输过程中的损耗和传输延迟等。

随机误差在飞参数据的采集与记录过程中一直存在，图3-1是某架次飞机在某段飞行时间内的航向角参数曲线，经过与飞参记录数据进行对比，航向角参数曲线与飞参记录数据的变化趋势基本吻合，且航向角参数曲线没有明显的异常值，由此可以判断，航向角参数曲线的微小波动是由随机误差导致的。

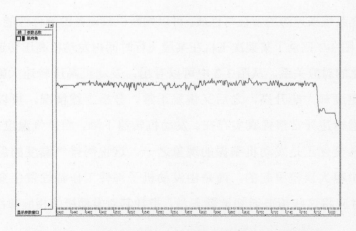

图 3-1　某架次飞机在某段飞行时间内的航向角参数曲线

2. 飞参数据系统误差源

飞参数据的系统误差是由固定不变的或按确定规律变化的因素造成的，这些误差因素是可以掌握的。根据误差变化的特征和性质，系统误差可分为常值系统误差、线性漂移误差、周期性误差和复杂规律变化误差等。造成系统误差的因素如下。

（1）部件方面因素：各子部件的性能随时间变化而产生的线性漂移；传感器设计原理上的缺陷；传感器制造和安装不正确带来的误差；传输部件材质不均匀及局部热源等的影响造成的误差；支撑装配附件的制造偏差等。

（2）客观因素：在数据采集过程中，实际温度相对标准温度的偏差；在参数采集过程中，温度、气压、湿度和磁场等按照一定规律变化带来的测量值漂移误差。

（3）方法性因素：在飞参数据的采集、记录过程中，需要对其进行量化编码，其输出为数字量输出，因为采集记录器给不出一个比量化单位还小的量，所以会产生一个量化误差；此外，处理方法的不完善，或者在计算相关飞参数据时采用近似的计算方法或计算公式等因素造成的误差。

研究系统误差源的特征与性质，可以判断机载设备的部件性能，排除安全隐患。图3-2记录了某架次飞机在某段飞行时间内发动机高压转速与排气温度变化的对应关系。从图3-2中可以看出，发动机高压转速大幅下降，而排气温度却大幅升高，之后又恢复正常。分析上述情况，可以判定发动机排温转速异常事件真实存在。发动机转速下降，而排气温度却上升，这种异常变化正是发动机喘振的现象之一。这说明排气温度的急剧起落并不是由粗大误差引起的，而是由发动机子部件工作特性发生变化引起的。此时应将这些情况通知地勤人员，指导其对发动机的相应部件进行检查排故。

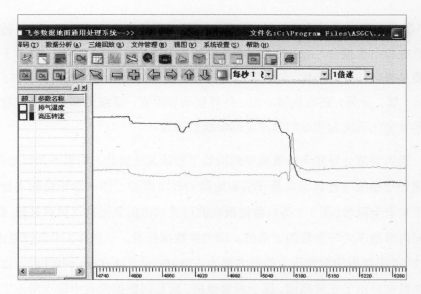

图 3-2　发动机高压转速与排气温度变化的对应关系

3．飞参数据粗大误差源

在对飞参数据的检查中发现，经常有部分参数值存在间断点或明显的异常值，而通过检查又证明相关设备工作未出现异常，这类数据被称为野值点。导致飞参数据中出现野值点的误差因素为粗大误差。野值点出现的原因大致包括以下几点。

（1）飞参通道中的传感器或其他部件发生故障，导致出现较大的误差或错误。

（2）传输线路接触不良，导致出现间断点或数据帧丢失的情况；传输通道中有硬件电路出现断路，或在数据采集过程中缺失握手信号导致总线数据丢失，从而导致相关参数长时间持续不变。

（3）在信号采集、传输和记录过程中受到较大干扰，导致信号失真，这主要有 3 类：①电源电压的浪涌干扰，机载飞参系统电源电网中大功率设备的启停、电网的切换或故障的产生，都会使电压发生瞬变，产生脉冲型噪声；②机载飞参系统内部干扰，系统内部接地系统不完善或缺损，信号被电磁感应和电容耦合，使系统内部存在干扰；③系统外部空间干扰，外部干扰主要是来自外界的干扰，包括周围电气设备发出的电磁干扰或气象条件（如雷电）等，此外，还有机械冲击、外界振动等因素。系统外部空间干扰导致的异常变化表现为明显的脉冲型或阶跃型误差。

粗大误差会导致飞参数据序列的数字特征发生变化，如果不加以处理，会误导空勤的飞行训练质量评估和地勤的日常维护工作，给正常的飞行任务带来安全隐患。图 3-3 是以数据报表的形式给出的某架次飞机在某段飞行时间内滑油压力等参数的记录值，即飞参数据报表。从图 3-3 中可以看出，第 1964 组数据的滑油压力的最大值为 6.0kgf/cm^2（$1\text{kgf/cm}^2=10^5\text{Pa}$），这个极值数据超出了正常范围，属于异常数据，而且同数据报表中该点滑油压力数值与前一数值 3.85kgf/cm^2、后一数值 3.81kgf/cm^2 相差悬殊。同时可以看到该时刻的发动机高压转子转速、发动机低压转子转速、发动机排气温度等参数都与前后相差很大，不可能是正常的数据，因此可以判断该组数据为由粗大误差引起的野值点，应予以剔除。

当前位置	航向角	指示空速	气压高度	发动机高压转子转速	发动机低压转子转速	发动机排气温度	油门手柄位置	滑油压力	主液压压力	助力液压压力	耗油累计
1950	268.59	577.75	2514.00	96.25	95.00	510.05	50.82	3.85	201.00	210.00	999.95
1951	270.00	579.79	2530.00	97.50	96.25	522.30	43.76	3.85	199.00	208.33	999.95
1952	270.00	581.65	2545.00	96.25	93.75	503.92	42.78	3.85	199.00	208.33	1003.28
1953	270.00	583.21	2561.00	93.75	92.50	579.83	39.61	3.81	197.00	206.67	1003.28
1954	270.00	585.03	2577.00	93.75	90.00	565.73	37.90	3.85	197.00	208.33	1003.28
1955	270.00	587.80	2589.00	92.50	90.00	585.73	37.90	3.85	201.00	206.67	1003.28
1956	270.00	590.61	2601.00	92.50	90.00	562.20	37.65	3.85	199.00	208.33	1006.61
1957	270.00	593.41	2609.00	93.75	90.00	558.68	37.90	3.81	199.00	206.67	1006.61
1958	268.59	596.39	2617.00	92.50	90.00	556.03	37.90	3.85	201.00	206.67	1006.61
1959	268.59	599.08	2620.00	92.50	90.00	555.15	37.90	3.85	201.00	208.33	1006.61
1960	268.59	601.46	2628.00	91.25	90.00	555.15	37.90	3.85	206.67	206.67	1009.95
1961	268.59	603.21	2632.00	92.50	90.00	555.15	37.65	3.85	199.00	206.67	1009.95
1962	268.59	605.18	2640.00	92.50	90.00	555.15	37.65	3.85	201.00	208.33	1009.95
1963	268.59	607.14	2648.00	93.75	90.00	558.68	37.90	3.85	199.00	208.33	1009.95
1964	206.72	1566.54	3840.00	0.00	0.00	300.00	9.12	6.00	120.00	120.00	-1.72
1965	268.59	609.15	2652.00	92.50	90.00	555.15	38.87	3.81	199.00	206.67	1013.28
1966	209.53	1566.65	3840.00	0.00	0.00	300.00	47.08	4.83	120.00	120.00	13651.64
1967	268.59	610.78	2660.00	93.75	90.00	576.31	61.19	3.85	201.00	208.33	1013.28
1968	267.19	612.22	2672.00	95.00	92.50	593.94	61.74	3.85	201.00	208.33	1013.28
1969	268.59	612.86	2680.00	95.00	93.75	510.05	61.19	3.85	201.00	208.33	1013.28
1970	268.59	613.32	2696.00	96.25	93.75	522.30	58.46	3.88	201.00	208.33	1016.61
1971	268.59	613.29	2715.00	96.25	96.25	534.55	55.46	3.88	203.00	208.33	1016.61
1972	267.19	611.91	2738.00	97.50	97.50	649.86	51.37	3.88	199.00	208.33	1016.61
1973	268.59	610.25	2762.00	98.75	96.25	534.55	45.36	3.85	199.00	206.67	1019.95
1974	265.78	606.76	2794.00	96.25	95.00	534.55	45.36	3.85	201.00	206.67	1019.95
1975	261.56	603.72	2829.00	96.25	95.00	534.55	45.36	3.85	201.00	208.33	1019.95

图 3-3　飞参数据报表

3.2 飞参通道标校的内涵

研究飞参通道标校理论，必须首先了解飞参数据的类型、采集过程、编码与解码过程。

3.2.1 飞参数据的类型

根据参数性质的不同，飞参数据可分为以下五种类型。

（1）模拟量：信号的幅值随时间连续变化，如反映机械位移的模拟电压信号。

（2）开关量：信号的幅值只有两种取值，如反映电门接通、断开位置和信号灯的亮/灭状态的信号。

（3）频率量：以信号变化频率的大小来反映被记录飞行参数的值，如发动机转速信号。

（4）数字量：通过机载计算机总线传送的二进制数字信号，如来自大气数据计算机的气压高度和真空速等信号。

（5）辅助参数：飞参系统内部产生的便于数据译码处理的信号，如相对时间、机号、日期和架次。

针对不同类型的参数，机载飞参系统的采编器会采用不同的采集编码方式对其进行处理。

3.2.2 飞参数据采集过程

机载飞参系统与航空电子系统、非航空电子系统、发动机系统和飞控系

统等相互交联，实现了飞参数据的采集、处理、传输、编码和存储[39,40]。飞
参通道一般由传感器、采编器、记录器和中间传输环节组成。传感器部分主
要由机载飞参系统的角位移传感器、过载传感器和机上其他系统的传感器
等组成，用于测量被记录的飞行参数，并将其转换成易于传输的电压信号；
采编器用于按照一定的时序对来自传感器的电压信号进行采样，转换成二进
制数字量信号，然后根据规定的数据格式统一编码，在满足记录器的记录条
件后，将数据通过飞参系统内总线传送至记录器；记录器利用存储介质记录
来自系统内总线的飞参数据[41]。飞行参数的采编过程示意图如图 3-4 所示。

图 3-4　飞行参数的采编过程示意图

3.2.3　飞参数据的编码与解码过程

编码的过程是将代表飞行参数物理量工程值的模拟量、频率量分别经
A/D、F/D 转换后变成二进制代码（数字量、开关量、辅助参数不需要转换），
然后根据规定的数据格式统一编码，再传送给记录器进行存储。五种类型飞
参数据的编码方法如图 3-5 所示。

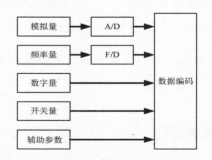

图 3-5　五种类型飞参数据的编码方法

飞参数据的解码过程在飞参地面站进行。飞参数据的解码过程与飞参数据的编码过程相反，它将飞行参数的二进制代码还原为物理量工程值。有的飞行参数的物理量工程值与二进制代码之间存在一个明确的函数关系，可以根据函数关系直接对其进行解码，如图 3-6 所示，这些参数主要包括频率量、数字量、开关量和辅助参数。

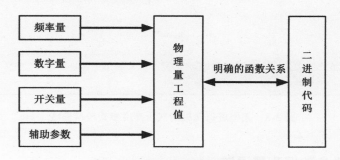

图 3-6　部分飞参数据解码方法

而另外一些飞参数据（主要是模拟量）需要通过相邻两点的物理量工程值与其二进制代码之间的关系，通过插值方式来得到函数关系，如图 3-7 所示。

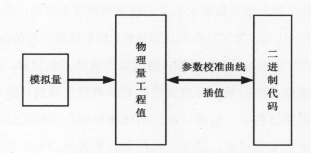

图 3-7　模拟量飞参数据解码方法

飞行参数的物理量工程值与其二进制代码之间的关系又被称为参数校准曲线，它集中反映了参数采集通道的信号转换特性，如模拟量信号传感器的转换特性。图 3-8 给出了某型进口飞机的气压高度参数校准曲线。

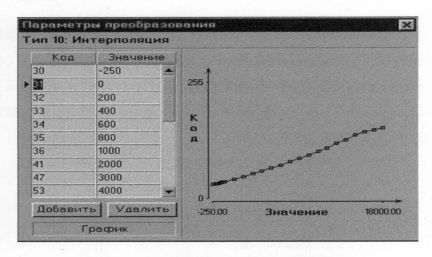

图 3-8　某型进口飞机的气压高度参数校准曲线

3.2.4　飞参数据测量误差

测量误差是指数据的测量值与被测数据真值之间的偏差，按照性质和产生原因的不同，测量误差一般可分为随机误差、系统误差和粗大误差三类。

随机误差尽管从单个数据来看是无规律和不可预测的，但通过对测量样本进行分析，这类误差又具有统计规律性。根据随机误差的分布律，可以对测量数据进行适当的处理。这样，随机误差虽然不能消除，但可以设法减弱它对测量结果的影响。系统误差在数据测量之前就已经存在了，而且在数据测量的过程中，始终以确定的规律影响数据测量结果。由于系统误差有一定的变化规律，甚至可以用函数来表示，所以在进行参数处理时，可以预先对它进行修正。粗大误差是指那些由测量条件的意外改变或外界的突然干扰等原因引起的测量误差。此外，在测量设备正常工作的条件下，由于测量结果的分散性，也有可能出现个别正常的、误差较大的测量值。

1. 数据测量误差

由于在飞参数据采集、记录过程中一系列误差因素的综合作用，所有飞参数据都可能含有一定的测量误差，如常见的元件误差、安装误差、初始值误差、原理性误差、干扰误差及电子线路产生的误差等。

一般地，可以将飞参数据中包含的测量误差归结为传感器性能误差 δ_1、传感器安装误差 δ_2、传输误差 δ_3（传输延迟、传输损耗和噪声干扰等）和采集误差 δ_4 四种，如图 3-9 所示。飞参数据总误差 $\Delta\delta$ 按式（3-1）进行计算：

$$\Delta\delta = \sqrt{\delta_1^2 + \delta_2^2 + \delta_3^2 + \delta_4^2} \tag{3-1}$$

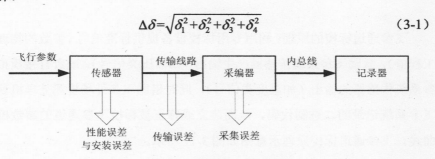

图 3-9　飞参数据测量误差组成

2. 仪表指示误差

仪表指示反映的误差不同于飞参数据测量误差，但当仪表与飞参系统共用一个传感器时，二者具有一定的关联性。仪表指示误差包括传感器性能误差 δ'_1、传感器安装误差 δ'_2、传输误差 δ'_3 和仪表示数误差 δ'_4 四种，如图 3-10 所示。仪表指示总误差 $\Delta\delta'$ 按式（3-2）进行计算：

$$\Delta\delta' = \sqrt{\delta_1'^2 + \delta_2'^2 + \delta_3'^2 + \delta_4'^2} \tag{3-2}$$

不同仪表指示反映的误差大小不同，它们是一直存在的，但要求每个环节的误差必须控制在允许的范围内（通过定期的二线性能检测来保证）。

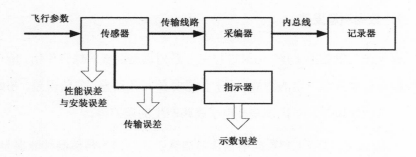

图 3-10　仪表指示误差

3.2.5　飞参通道标校的原理

　　飞参通道标校的原理：利用专用标校设备提供标准信号（参数的物理量工程值），激励飞参系统传感器产生输出（如油压类信号），或者直接模拟飞参系统传感器的输出（如温度类信号），同时借助飞参外场检测处理机获得飞参系统记录的二进制代码，从而建立或修正被标校飞参通道的参数校准曲线。飞参通道标校原理示意图如图 3-11 所示。

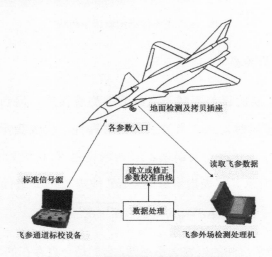

图 3-11　飞参通道标校原理示意图

3.2.6　飞参通道标校的意义

飞参通道标校就是要建立或修正参数校准曲线，从而达到减小飞参数据测量误差的目的，同时可以间接检验每个飞参通道工作是否正常。

通过进行飞参通道标校，可以检测同一传感器通道的仪表指示是否超差，并间接判断仪表通道的性能。

 ## 3.3　飞参通道标校的方法

3.3.1　标校方法分类

根据飞参数据的性质及采集方式的不同，可以将飞参通道标校分为插值标校和验证性标校两种。

1．插值标校

插值标校的主要目的是建立飞行参数的物理量工程值与其二进制代码之间的关系——参数校准曲线，以作为飞参数据解码的依据。插值标校的主要标校对象是飞参数据中的模拟量信号。按照记录参数信号的性质，插值标校又分为激励标校和模拟标校两种。

（1）激励标校。

激励标校又称全通道标校，即在规定条件下，由标校设备提供标准信号激励飞参系统传感器产生输出来标校飞参通道，其标校对象包括各种舵偏角、驾驶杆和油门杆位移、发动机滑油压力、发动机燃油压力等飞参通道。激励标校是最理想的标校方法，它可以对由传感器、信号传输环节和采编器组成的链路进行标校，从而最大限度地减小飞参数据的测量误差。激励标校原理示意图如图3-12所示。

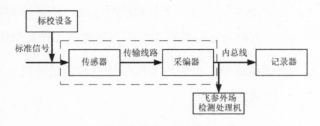

图3-12　激励标校原理示意图

（2）模拟标校。

模拟标校又称部分通道标校，它是在无法进行激励标校的前提条件下采用的次优标校方法。模拟标校由标校设备提供标准信号来模拟飞参系统传感器的输出，在传感器的输出端进行激励，从而标校相应的飞参通道。模拟标校原理示意图如图3-13所示，它主要针对的是发动机排气温度、无线电高度、发动机滑油温度和发动机振动等飞参通道。

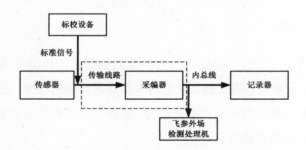

图3-13　模拟标校原理示意图

2. 验证性标校

验证性标校主要针对的是飞行参数的物理量工程值与其二进制代码之间存在一个明确函数关系的参数（频率量、开关量、数字量和辅助参数）。频率量、数字量和辅助参数的验证性标校可以通过通电或试车的方法来完成，开关量参数的验证性标校可以通过实际操作、信号给定（+28V、0V 和悬空）的方法来完成，如图 3-14 所示。

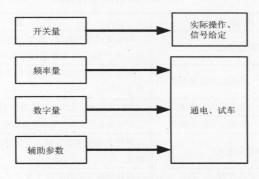

图 3-14　验证性标校的方法分类

3.3.2　标校所需设备

在进行飞参通道标校的过程中，不同飞参通道需要不同的专用标校设备，根据不同飞参通道标校方法确定所需的专用设备。专用设备主要有以下几类。

（1）标校排气温度、滑油温度和发动机进/出口温度等飞参通道的通用检查仪。

（2）标校滑油压力、液压压力和燃油压力等参数通道的油液压力给定装置。

（3）标校各舵面、驾驶杆、脚蹬位置、侧滑角和迎角等飞参通道的操纵系统位移测量装置。

（4）模拟量、开关量信号的给定装置（标准检查仪）。

（5）振动频率、振动加速度等信号的给定装置（振动检查仪）。

（6）无线电高度检查仪。

各标校设备的型号与功能如表 3-1 所示。

表 3-1　各标校设备的型号与功能

序号	专用设备		功能
1	通用检查仪		可以完成排气温度、滑油温度、发动机进/出口温度、大气温度等飞参通道标校用信号的给定
2	油液压力给定装置	滑油压力给定装置	可以完成滑油压力、扭矩等飞参通道标校用滑油压力的给定
		液压压力给定装置	可以完成液压压力飞参通道标校用液压压力的给定
		燃油压力给定装置	可以完成燃油压力飞参通道标校用燃油压力的给定
3	标准检查仪		可以完成多路模拟量、开关量通道标校用信号的给定
4	振动检查仪		可以完成发动机振动飞参通道标校用信号的给定
5	操纵系统位移测量装置		可以完成各舵面、驾驶杆、脚蹬位置、侧滑角、迎角等飞参通道标校用角位移的给定
6	无线电高度检查仪		可以完成无线电高度飞参通道标校用信号的给定

3.3.3　标校实施办法

飞参通道标校的实施办法各有特点，分别按照各个通道的标校工艺卡来进行，如舵面角位移、排气温度、滑油压力和大气数据等飞参通道，并如实填写标校数据记录卡。标校工艺卡及标校数据记录卡格式见附录 A。

在填写标校数据记录卡时，一定要注意驾驶杆和可动舵面偏转角正、负极性的定义。在标校时，以给定的标准源为依据，若有同源仪表指示器，则可对仪表指示通道进行辅助检查。

3.3.4　标校数据处理

标校工作结束后，将填好的标校数据记录卡交给飞参室，飞参室按权限修正地面站数据处理软件中相关飞参通道的参数校准曲线，如果发现个别飞参通道标校数据异常（如出现与上次的参数校准曲线相差较大、跳点等现象），则立即按照程序上报，在查明原因并视情排故后，对相关飞参通道进行重新标校，如图 3-15 所示。

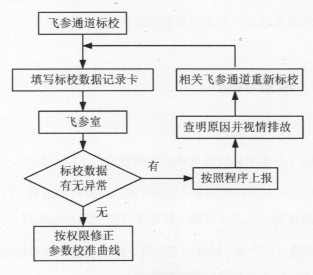

图 3-15　标校数据处理流程

 ## 3.4　飞参通道标校的时机

一般地，需要进行飞参通道标校的时机如下。

（1）当在飞机上初次安装飞参系统时，对所有飞参通道进行标校。

（2）根据各机型飞机维护规程规定的期限，对所有飞参通道进行标校。

（3）飞机在大修出厂前，由大修厂对所有飞参通道进行标校，并将标校数据记录卡随飞机交付所属部队的飞参室。

（4）当更换了飞参系统传感器，或对飞参系统传感器的传动部分因传动比及中立点位置改变而进行了调整时，对有关飞参通道进行专项标校。

（5）当地面站数据处理软件判读飞参数据时发现异常，对个别参数存在疑问，涉及飞参数据的准确性时，对有关飞参通道进行专项标校。

（6）其他需要进行飞参通道标校的时机。

3.5 本章小结

本章围绕飞参通道标校理论体系的构建进行了以下研究。

（1）研究了飞参数据的采集、记录、编码与解码的过程，以及飞参数据中存在的测量误差，并在此基础上提出了飞参通道标校原理。

（2）从标校方法分类、标校所需设备、标校实施办法和标校数据处理方面对飞参通道标校的方法进行了详细的阐述。

（3）介绍了飞参通道标校的时机。

第4章

操纵系统位移测量装置的设计与实现

操纵系统位移测量装置可以完成飞机各种操纵位移的测量工作，用来对现役飞机升降舵、副翼、襟翼、油门杆、变距杆、高空杆和驾驶杆位移通道，以及固定翼飞机方向舵角位移通道进行标校。

 4.1 系统总体设计

操纵系统位移测量装置系统分为测量单元和测控终端两部分，如图 4-1 所示。测量单元由测量元件、预处理模块和 AC/DC 转换组成，主要完成操纵位移信号的测量和预处理工作。测控终端以中央处理器为核心，结合了触摸屏、液晶显示屏和测量控制等模块，主要完成操纵位移信号的处理、存储与显示等工作。

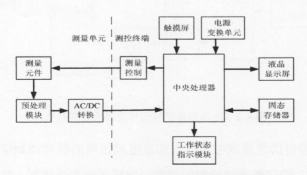

图 4-1 操纵系统位移测量装置系统的组成

飞篙通道标校技术

4.2 测量单元设计

测量单元分为倾角位移测量单元和方向舵角位移测量单元两部分，它们都是由测量元件、AC/DC 转换、预处理模块集成的传感器单元和配套使用夹具组成的。

1. 倾角位移测量单元

1）传感器

操纵位移测量装置采用的双轴加速度倾角传感器采用了 MEMS（Micro-Electro-Mechanical System，微机电系统）技术，在一个硅片上集成了多晶体硅表面微机械传感器和信号处理电路，以实现开环加速度的测量[42]。双轴加速度倾角传感器的功能结构如图 4-2 所示，它可以测量动态加速度和静态加速度，量程范围为 $\pm 1.2\,g_n$，输出为周期可调的占空比调制信号，直接通过 RS232 串行总线与测控终端的通信接口连接。

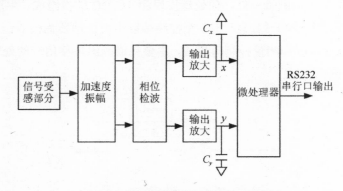

图 4-2 双轴加速度倾角传感器的功能结构

传感器输出的是周期可调的与加速度成比例的脉宽调制信号。通过外加电容 C_x、C_y 确定低通滤波器的带宽，以提高测量分辨率、抑制噪声。为了提高测量的分辨率并抑制噪声，可以调整外加电容 C_x、C_y 使滤波带宽略大于被测频率，并使 PWM（脉宽调制）波的频率为滤波带宽的 5 倍以上。

对输出的 PWM 波进行处理，测量方波周期 T_2 和脉冲宽度 T_1，通过式（4-1）计算加速度：

$$a = (T_1/T_2 - \mu_{0g})/\mu_{1g} \qquad (4\text{-}1)$$

式中，μ_{0g} 为加速度为 $0\,g_n$ 时对应的占空比，典型值为 50%；μ_{1g} 为 $1\,g_n$ 加速度变化引起的占空比变化值，典型值为 30%；T_2 为方波周期，它由外接电阻的阻值 R_{SET} 决定，且 $T_2 = R_{SET}/125\text{M}\Omega$，单位为 s。

当双轴加速度倾角传感器的 x 轴或 y 轴位置相对于重力场发生变化时，重力将在相应方向产生分量，测量两个方向的重力分量，可以按式（4-2）计算沿相应轴向的倾角变化：

$$[\text{angel}](x) = \arcsin(A_x/1g)$$
$$[\text{angel}](y) = \arcsin(A_y/1g) \qquad (4\text{-}2)$$

式中，A_x 和 A_y 分别为 x 轴和 y 轴方向的线位移；g 为重力加速度。

2）倾角测量配套夹具

倾角测量配套夹具主要配合传感器完成飞机升降舵、副翼、襟翼、油门杆、变距杆、高空杆和驾驶杆等飞参通道的标校工作。倾角测量单元配套夹具如图 4-3 和图 4-4 所示。

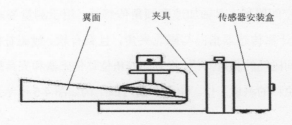

图 4-3 测量升降舵、副翼倾角位置的专用夹具

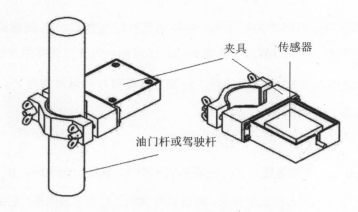

图 4-4   测量油门杆、驾驶杆倾角位置的专用夹具

在对飞机升降舵、副翼、油门杆等飞参通道进行标校时,双轴加速度倾角传感器通过测量静态重力加速度的变化,来测量传感器相对水平面的倾斜和俯仰角度。角位移电信号经过滤波、放大等调理,进入高精度 A/D(模数转换器)采样,转换为数字信号,经串行总线传送到测控终端进行数据的存储、处理与显示。

2. 方向舵角位移测量单元

方向舵角位移是飞机飞行姿态中一个比较重要的参数,由它可以计算飞机的真航向等信息。

1)传感器

方向舵角位移测量单元以电子罗盘作为传感器,内置有三轴磁阻传感器,用于测量空间磁场;双轴加速度倾角传感器,用于测量姿态;微处理器(MCU),用于计算传感器指向与磁北夹角,且具有软、硬磁补偿功能,可以精确地进行空间磁场的测量[43,44]。将方向舵角位移传感器和夹具配合使用可以完成方向舵角位移的测量工作。电子罗盘内部结构如图 4-5 所示。

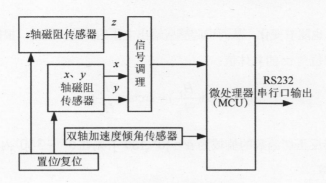

图 4-5　电子罗盘内部结构

　　电子罗盘内置有相互正交的三组磁感元件，在安装时，需使电子罗盘前向指向方向舵立轴的中心轴向。电子罗盘测量示意图如图 4-6 所示，其中，H_x、H_y、H_z 为安装后罗盘平面 3 个方向的磁场强度；H_X、H_Y、H_Z 为地球坐标系 3 个方向的磁场强度；N、S 为地球磁南北极轴线。

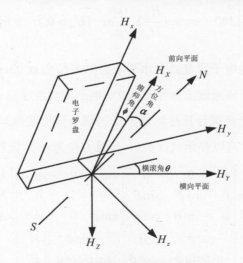

图 4-6　电子罗盘测量示意图

　　对于某一固定地点来说，当电子罗盘绕 z 轴在水平面内转动时（俯仰角 ϕ 和横滚角 θ 均为零），地磁分量的大小和方向都不会变化。但随着方位角 α 的变化，在 x、y 轴上的分量会有规律地变化，放置在 x、y 轴上的磁阻元件的电阻值也随着变化，从而引起感应输出电压的变化。此时，根据式（4-3）即可计算方位角 α 的具体值：

$$\alpha = \arctan(\frac{H_Y}{H_X}) = \arctan(\frac{H_y}{H_x}) \qquad (4\text{-}3)$$

考虑到反正切函数的值域为 $\alpha \in [0°,180°]$，则在 $0° \sim 360°$ 内可按式（4-4）进行计算：

$$\alpha = \begin{cases} 90, & [H_x=0, H_y<0] \\ 270, & [H_x=0, H_y>0] \\ 180 - \arctan(\frac{H_y}{H_x}) \cdot \frac{180}{\pi}, & [H_x<0] \\ -\arctan(\frac{H_y}{H_x}) \cdot \frac{180}{\pi}, & [H_x>0, H_y<0] \\ 360 - \arctan(\frac{H_y}{H_x}) \cdot \frac{180}{\pi}, & [H_x>0, H_y>0] \end{cases} \qquad (4\text{-}4)$$

上述情况为当电子罗盘处于水平状态时方位角 α 的计算方法。然而，在进行方向舵角位移通道的标校过程中，电子罗盘并非总处于水平状态。这就需要通过坐标变换来计算传感器感受的磁场强度在地球坐标系水平方向上的分量，然后才可以使用式（4-3）计算方位角 α。换算方法如下：

$$\begin{bmatrix} H_X \\ H_Y \\ H_Z \end{bmatrix} = \begin{bmatrix} 1 & 0 & 0 \\ 0 & \cos\phi & \sin\theta \\ 0 & -\sin\theta & \cos\theta \end{bmatrix} \begin{bmatrix} \cos\phi & 0 & -\sin\phi \\ 0 & 1 & 0 \\ \sin\phi & 0 & \cos\phi \end{bmatrix} \begin{bmatrix} H_x \\ H_y \\ H_z \end{bmatrix}$$

$$= \begin{bmatrix} \cos\phi & 0 & -\sin\phi \\ \sin\theta\sin\phi & \cos\phi & \sin\theta\cos\phi \\ \cos\theta\sin\phi & -\sin\theta & \cos\theta\cos\phi \end{bmatrix} \begin{bmatrix} H_x \\ H_y \\ H_z \end{bmatrix} \qquad (4\text{-}5)$$

可以解得

$$\begin{cases} H_X = H_x\cos\phi - H_z\sin\phi \\ H_Y = H_x\sin\theta\sin\phi + H_y\cos\phi + H_z\sin\theta\cos\phi \end{cases} \qquad (4\text{-}6)$$

这样，根据式（4-6）就可以计算传感器感受的磁场强度在地球坐标系水平方向上的分量 H_X、H_Y，再根据式（4-3）求出对应的方位角 α。

在求出方位角 α 后，传感器以数据帧的格式经 RS232 串行总线将其传送到测控终端进行数据的保存与处理，微处理器会根据式（4-7）计算当前方向舵的角位移速度 ω，并对其求积分，即可计算飞机方向舵当前的方位：

$$\omega = -\dot{\phi}\sin\theta + \dot{\psi}\cos\theta\cos\phi \qquad (4\text{-}7)$$

式中，$\psi = \alpha + \beta$，β 为飞机方向舵立轴的中心轴向与水平面的夹角。

2）方向舵角位移测量配套夹具

方向舵角位移测量配套夹具用于配合传感器完成固定翼飞机方向舵角位移通道的标校工作。方向舵角位移测量配套夹具如图 4-7 所示。

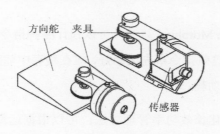

图 4-7 方向舵角位移测量配套夹具

 ## 4.3 测控终端设计

测控终端的设计主要完成硬件部分的设计和人机交互界面的设计工作。

1. 硬件部分的设计

测控终端硬件部分主要包括中央处理器、液晶显示屏、触摸屏、固态存储器、外部设备接口、电源变换单元。

1）中央处理器

由于操纵系统位移测量装置强调可移动性与便携性，为减小设备耗电量和体积，测控终端不可能采用带有风扇和散热器的中央处理器，所以 P IV（奔腾四）之类的中央处理器是不能用的。本设备选用 Transmeta 公司生产的与 X86 兼容的中央处理器，即 Crusoe。Crusoe 除了采用传统的超低电压、速度分档和快速启动等技术，还采用了一些智能化的方法来降低自身的功耗，主要的智能化的方法如下。

（1）采用超长指令字（VLIW）：每个指令字长达 128 位，这样在同一个指令周期中，可以执行的命令就会更多（相当于并行运算），从而提高了工作效率。

（2）采用 Code Morphing 算法：可以预计哪些指令将会被较多地执行、何时执行，然后把这些指令事先编译好，放在缓存中随时调用，从而提高了运算效率、降低了功耗。

（3）采用智能化长效功率管理方法：可以根据运算任务的需要来自动调节所需的频率和电压，且这种调节的分档很细，调节的速度高达每秒钟几百次。

2）液晶显示屏

操作系统位移测量装置选用的是薄膜场效应晶体管液晶显示屏（LCD），即 TFT（Thin Film Transistor）-LCD。TFT-LCD 的显示采用背透式照射方式，因此它具有比 TN-LCD 更高的对比度和更丰富的色彩，荧屏更新频率也更高。TFT-LCD 的主要特点是为每个像素配置了一个半导体开关器件。由于每个像素都可以通过点脉冲被直接控制，所以每个节点都相对独立并可以连续被控制。这样的设计方法不仅加快了显示屏的反应速度，同时可以精确地控制显示灰度，使 LCD 的响应时间提高到 25ms 以内。

3）触摸屏

触摸屏是操纵系统位移测量装置的主要输入设备，为了实现精确输入，需要分辨率很高的触摸屏。操作系统位移测量装置选用的是四线电阻式触摸屏，它的分辨率为 4 096dpi×4 096dpi。在正常情况下，触摸屏可以保证 1 000 万次的点击寿命，其透射率大于 85%。

4）固态存储器

考虑到设备的便携性，系统选用电子硬盘作为存储器，它由闪存介质和控制 IC 组成，容量为 16GB，是一种可多次读/写的存储器。电子硬盘采用 IDE（Integrated Drive Electronics）接口，以计算机扩展卡的形式存在，以插入主板总线槽的方式工作，当将电子硬盘插入计算机时，系统可以从电子硬盘启动。因为电子硬盘的信息是存储在芯片上的，所以具有工作速度快、稳定度高、保密性强等优点。同时，由于电子硬盘的存储介质是闪存，而不是普通硬盘的旋转介质，所以其抗震性能比普遍硬盘的抗震性能好很多。

5）外部设备接口

串行口：测控终端有一个标准的 9 芯插座，可以外接测量单元和其他符合 RS232 串行口标准的任意外部设备。

USB 接口：测控终端通过 USB 支持多设备连接，用于进行用户软件的安装与修改。

6）电源变换单元

操纵系统位移测量装置采用交流 220V/50Hz 和内置直流 12V/9 600mAh（1mAh=3.6C）高性能锂电池两种电源供电。为了提高电源变换单元的可靠性，电源变换单元采用 AC/DC 电源模块给系统供电，经过 LC 滤波电路和充电电路，给充电电池充电；同时，由 DC/DC 电源模块为传感器、液晶驱动、触摸屏驱动、主板分别提供 5V/24V、12V 的电源，如图 4-8 所示。

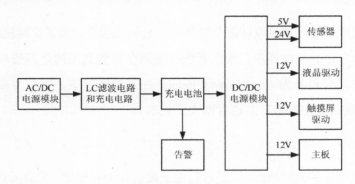

图 4-8　电源变换单元

2．人机交互界面的设计

使用 OpenGL（开放式图形库）可以很方便地实现各种图形的设计。但由于 OpenGL 接口兼容性的要求，用户不能直接输入参数来获得自己需要的图形，要做出比较精美的交互式界面比较困难。而利用 Visual C++（以下简称 VC++）这一编程工具，可以很方便地为 OpenGL 程序设计一些十分精美的人机交互界面[45, 46]。

1）OpenGL 初始化设置

像素格式与渲染描述表（Rendering Context）是建立 OpenGL 程序的基础，OpenGL 并不使用标准的设备描述表，而使用渲染描述表完成图像的映射工作，渲染描述表的映射核心是像素格式的设置。OpenGL 初始化设置主要完成以下工作。

（1）ChoosePixelFormat ( )：选择像素格式。

（2）SetPixelFormat ( )：设置像素格式。

（3）wglCreateContext ( )：创建环境设备。

（4）wglMakeCurrent（ ）：设置环境设备。

（5）glMatrixMode　（ ）：设置矩阵模式。

（6）glFrustum（ ）：设置视场空间范围。

（7）glViewport（ ）：设置视场显示范围。

2）纹理贴图的载入与管理

人机交互界面采用纹理贴图的方式进行绘制。利用纹理图像来描述景物表面各点处的反射属性，可以丰富图形表面的纹理细节，提高计算机生成图形的真实性。此外，采用纹理映射的方法可以简化建模过程。对纹理对象进行载入与管理主要使用以下几个函数。

（1）glGenTextures（ ）：创建纹理对象索引。

（2）glBindTexture（ ）：绑定/选择纹理对象。

（3）gluBuild2DMipmaps（ ）：载入纹理贴图。

3）界面控件的显示

人机交互界面设计的关键在于控件随测量单元数据的驱动实现实时指示的变化，界面控件显示实质上就是利用 OpenGL 的纹理映射技术在 VC++ 下实现图像的动态显示。人机交互界面的控件显示主要由以下 3 个函数来完成。

（1）my_draw_jiemian_zongx（ ）：显示纵向角度。

（2）my_draw_jiemian_hengx（ ）：显示横向角度。

（3）my_draw_jiemian_xiangd（ ）：显示相对角度。

4）数据传输接口设计

采用 RS232 串行通信方式实现与测量单元之间的数据传输，在软件中使用 MSComm 控件设计 RS232 串行通信程序。通过调用 SendData 来发送控制命令，当有数据到来时，会触发 DataArrival 事件；通过调用 GetData 来接收信息。

利用 OpenGL 强大的图形功能，可以轻松地实现逼真的贴图模型。运用 VC++，可对 OpenGL 产生的模型进行进一步的控制和变化，从而使设计的人机交互界面显示直观、功能集中、操作方便。针对某型飞机研制的操纵系统位移测量装置的人机交互界面主界面和副翼/平尾位置通道界面分别如图 4-9 和图 4-10 所示。

图 4-9　人机交互界面主界面

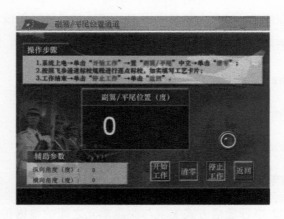

图 4-10　副翼/平尾位置通道界面

4.4　系统软件设计

系统软件设计主要完成串行通信的实现及系统程序设计等工作。

1. 串行通信的实现

用 VB 编程语言进行串行通信程序设计有两种方式：第一种方式是直接调用 Windows API（Windows Application Programming Interface，视窗操作系统应用程序编程接口）函数；第二种方式是使用 MSComm（Microsoft Communication Control）通信控件。第二种方式实际上是通过通信控件间接地调用了 Windows API 函数，其过程要比第一种方式复杂，但是在程序的实现上要比第一种方式简单、快捷[47-49]。因此，本书在进行串行通信程序设计时，使用 MSComm 通信控件来控制测量数据的发送与接收。

1）MSComm 通信控件

MSComm 通信控件具有完善的串行数据发送和接收功能，它不仅包括了 Windows API 中串行通信函数具备的所有功能，还提供了更多的对象属性来满足不同用户的编程需要。MSComm 通信控件屏蔽了通信过程中的底层操作，只需通过设置并监视其属性和事件，即可完成串行口编程，实现与被控对象的串行通信、数据交换，并监视或响应在通信过程中可能发生的各种错误和事件。

2）MSComm 通信控件处理通信的两种方式

（1）事件驱动方式。事件驱动通信是处理串行口通信的一种常用方法。在许多情况下，当事件发生时需要得到通知，此时可以利用 MSComm 通信控件的 OnComm 事件来捕获并处理这些通信事件。OnComm 事件还可以检查和处理通信错误。这种方法的优点是程序响应及时、可靠性高，每个 MSComm 控件对应一个串行口。

（2）查询方式。查询方式在程序的每个关键功能执行完毕之后，通过检查控件的 CommEvent 属性来查询事件和错误。

3）用 MSComm 通信控件实现串行通信的方法

（1）Mscomm 通信控件的初始化：

```
Private Sub Form_Load( )
Ti006Der1.Enabled = False
MSComm1.InBufferSize = 1024              ; 设置发送缓冲区为1024B
MSComm1.InBufferCount =1024              ; 设置接收缓冲区为1024B
MSComm1.InputMode = comInputModeBinary
MSComm1.CommPort = 1                     ; 利用串行口COM1进行通信
MSComm1.Settings = "9600, N, 8, 1"       ; 设置通信控件传输波特率、奇偶校
验、数据位、停止位
MSComm1.RThreshold = 1
MSComm1.InputLen = 0                     ; 读取接收缓冲区的所有字符
If MSComm1.PortOpen = False Then
MSComm1.PortOpen = True                  ; 打开串行口
End If
End Sub
```

（2）MSComm 通信控件的 OnComm 事件。

当控件的 CommEvent 属性值变化时，就会产生 OnComm 事件，表示发生了一个通信事件或一个错误：

```
Private Sub MSComm1_OnComm( )
Dim str0 As String, str1 As String, str2 As String
Dim count As Integer
Dim Senddat(2) As Byte
Dim i, j As Integer
Dim Rcvdat() As Byte
Dim dattemp As Variant
Select Case MSComm1.CommEvent
Case comEvReceive
Do Until MSComm1.InBufferCount >= 2
Do Events
Loop
dattemp = MSComm1.Input                  ; 从串行口读取数据至变体变量
Rcvdat = dattemp                         ; 将数据传送至数组
Label1.Caption = " "
```

```
...
MSComm1.Output = Senddat                    ; 发送数据
End Select
End Sub
```

2. 系统程序设计

系统程序可以分为主控程序和各子程序两部分。其中，主控程序负责整个系统对子程序的响应和调用，有效地管理系统软件和硬件；各子程序负责完成各指定功能，并供主控程序调用。系统软件采用了模块化程序设计的方法，各操纵位移通道的参数测量与处理均由对应的程序模块来完成，这方便了程序的调试，同时提高了系统软件的可靠性。系统主控程序流程如图 4-11 所示。

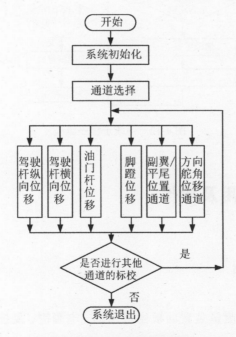

图 4-11　系统主控程序流程

各子程序与主控程序在流程上基本相同，只是在数据处理过程中，倾角换算和误差补偿的方法不同。此外，标校方向舵角位移通道的子程序在数据处理前要进行软硬磁标定，以减小周围环境磁场对测量结果的影响。系统子程序流程如图 4-12 所示。

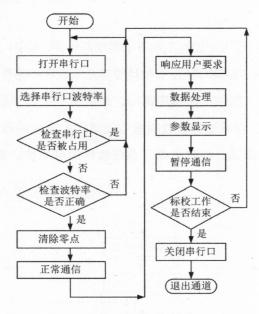

图 4-12　系统子程序流程

4.5　使用及操作

4.5.1　面板介绍

操纵系统位移测量装置面板由显示器、电源键、复位键、调整键（上、下、左、右共 4 个）和相关通信接口等组成。操纵系统位移测量装置面板如图 4-13 所示。

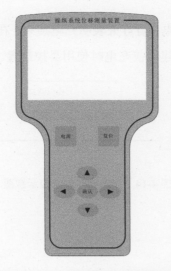

图 4-13　操纵系统位移测量装置面板

4.5.2　使用前准备工作

1. 外观检查

使用前应先检查 2 个 YCW-1（A）操纵位移显控装置、1 个 GBZ-1 标准传感器、1 个 DMJ-1 舵面夹具、1 个 GLJ-1 驾驶杆夹具、1 个 GLJ-2 驾驶杆夹具、1 个 MJDJ-1 米脚蹬夹具、1 个 TYJ-1 通用夹具、1 个弹簧秤、1 个钢板尺、一套专用电缆、1 个 1520 安全箱、1 个电源适配器等是否完整的安装在构件槽里，且各组成构件表面应完整无损、无锈蚀、固定牢靠、无螺钉脱落或松动现象，配套电缆齐全、构件的标示标牌应完整清晰。

2. 充电方法

当主界面电量显示不足或按电源键不能正常开机时，应及时充电。在充电时，应将电源适配器与从显控装置的 DC 电源插头相连接。充电时电缆连接示意图如图 4-14 所示。主显控装置显示屏红灯亮表明电源适配器电源正常；蓝灯亮表明正在充电，蓝灯灭表明充电结束。在充电时，2 个显控装置可以正常工作，但是不建议在充电时使用显控装置。

图 4-14　充电时电缆连接示意图

4.5.3　使用方法

1．准备工作

（1）操作系统位移测量装置电缆接口关系有两种方式：方式 1 接口关系如图 4-15 所示，方式 2 接口关系如图 4-16 所示。按照电缆标示和方式 1、方式 2 接口关系连接电缆。

（2）建议使用方式 1 工作；在电池电量不足且不能事先充电的情况下，可以使用方式 2 工作，此时应将电源适配器接 220V/50Hz 电源。

（3）2 个显控装置完全相同，依据连接电缆实现不同的功能，区分主、从显控装置。标有主显控装置电缆插头的显控装置实现主显控装置功能，控制整个测试过程；标有从显控装置电缆插头的显控装置实现从显控装置功能，根据主显控装置指令进行操作。其中，显控装置插座为 G51M07-P10LCC0-0070，电缆插头为 S11M0C-P10MCC0-6570。需要注意的是，2 个显控装置可以互换。

（4）在连接、断开电缆时应注意：本插头为推拉式结构，禁止旋拧，非专业人员勿操作。

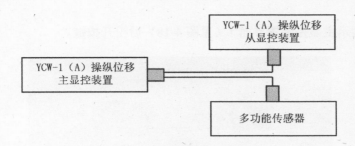

图 4-15　方式 1 接口关系

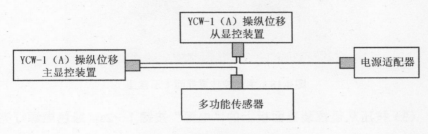

图 4-16　方式 2 接口关系

2. 操作步骤

（1）传感器固定：将标准传感器与专用夹具按照配套示意图配套安装在被测对象（如操纵杆、脚蹬、舵面、方向舵、油门杆、总矩杆等）上，使安装轴与转动轴大致保持一致（方位角对应 z 轴，横向倾角对应 y 轴，纵向倾角对应 x 轴）。传感器与专用夹具配套示意图如图 4-17 所示。

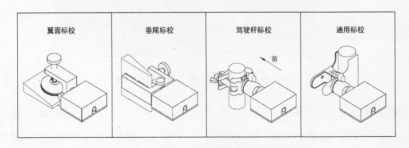

图 4-17　传感器与专用夹具配套示意图

（2）按压主显控装置面板上的"电源"按键 1～2s，绿色电源灯亮，待显示屏显示主显控装置界面1（见图4-18）后松开按键。

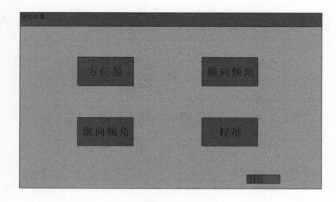

图4-18　主显控装置界面1示意图

（3）按压从显控装置面板上的"电源"按键1～2s，绿色电源灯亮，待显示屏显示从显控装置主界面后松开按键。从显控装置主界面示意图如图4-19所示。

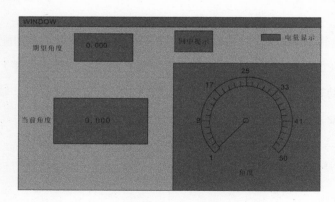

图4-19　从显控装置主界面示意图

（4）通过主显控装置面板上的"上""下""左""右"按键选择所需项目（方位角、横向倾角、纵向倾角、校准），然后按压"确定"键进入主显控装置界面2，如图4-20所示。

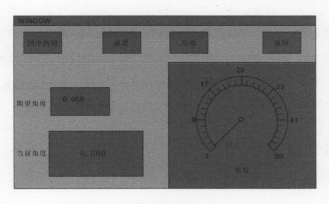

图 4-20　主显控装置主界面 2 示意图

（5）以下步骤需要主、从显控装置配合工作。

① 选择图 4-20 中的"回中"按钮，然后按压"确定"键，从显控装置出现"回中提示"按钮。

② 从显控装置处操纵人员将传感器回中，然后按压"确定"键。

③ 主、从显控装置的"当前角度"数据框出现"0.000"，显示当前角度。

④ 选择图 4-20 中的"前进"或"后退"按钮，按压"确定"键。主、从显控装置"期望角度"数据框出现"+1"或"−2"之类的提示符，从显控装置处操纵人员将依提示符操纵传感器到"+1"或"−2"标校点。注意："+1""−2"提示符表示飞参通道标校工艺记录卡中的标校点。

⑤ 完成后，选择图 4-20 中的"返回"按钮，然后按压"确定"键，返回上一级菜单，进行其他操作。从显控装置恢复上电状态。

（6）测试完成后，拔除电缆。

4.5.4　结束工作

首先按压主、从显控装置面板上的"电源"按键 1～2s，系统断电，断

开显控装置电源。然后将显控装置与传感器的连接插头拔下（注意：该插头
为直插式插头，禁止旋拧），并取下夹具，将专用夹具、2 个显控装置、标
准传感器、专用电缆整理好并放在构件槽内，最后盖好设备箱盖。

 4.6   本章小结

　　本章从飞参通道标校设备的设计原则和功能需求出发，从系统总体设
计、软硬件设计、使用及操作等方面详细介绍了操纵系统位移测量装置飞参
通道标校设备的设计与实现，为飞参通道标校工作的实施提供了硬件平台。

第 5 章

油液压力给定装置的设计与实现

油液压力给定装置包括滑油压力给定装置、燃油压力给定装置和液压压力给定装置 3 种设备，除油液介质不同外，它们的结构和工作原理完全相同。油液压力给定装置用来产生标准的滑油、燃油和液压压力，可以对发动机滑油压力、燃油压力、液压压力、主减滑油压力和扭矩等飞参通道进行标准信号给定，还能满足一线部队和大修厂对滑油、燃油、液压压力指示系统仪表进行原位检测与大修工作的需求。

 ## 5.1　系统总体设计

油液压力给定装置由油压产生装置和油压测控系统两部分组成。

（1）油压产生装置：由预充泵、手压泵、微调阀、回检阀、油箱、止回阀等组成。通过预充泵给管路排气、充油，摇动手压泵使管路及被检表升压，调节微调阀达到所需压力值，利用回检阀实现管路卸压和压力回检。油压产生装置的原理图如图 5-1 所示。

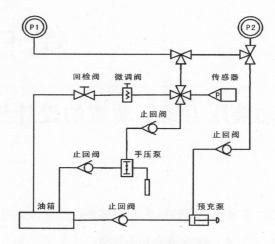

图 5-1　油压产生装置的原理图

（2）油压测控系统：由 89C55 单片机、压力输入与预处理模块、数据采集模块、外部存储器、液晶显示、系统电源、自动复位电路和键盘输入组成，如图 5-2 所示。

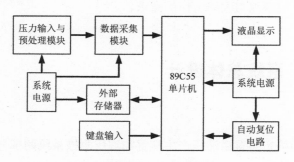

图 5-2　油压测控系统结构

5.2　设备硬件设计

设备硬件设计主要研究压力测量系统的设计。

1. 压力输入与预处理模块

压阻式压力传感器是通过半导体材料的压阻效应来工作的[50,51]。压阻式压力传感器的接口电路如图 5-3 所示，它由 1.5mA 的恒流源为传感器提供电源，当在压力传感器上施加压力时，其桥臂电阻会发生变化，在引脚 1 和引脚 4 上会产生一个与压力成比例的电压信号，这个电压的最大值为 180mV。因此，需要后接仪表放大器，对信号进行放大，以满足后续测量的需要。

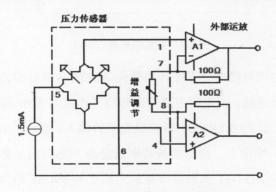

图 5-3　压阻式压力传感器的接口电路

2. 数据采集模块

油液压力给定装置使用的 AD7711 可以直接将压力输入与预处理模块输出的微弱直流信号转换为 24 位精度的数字信号，从而为低频小信号的测量提供完整的模拟前端[52,53]。

数据采集接口电路如图 5-4 所示，AD7711 的模拟电源与数字电源采用 5V 的电源供电，将 AVDD 端和 DVDD 端连接在一起，分别经两个并联的电容与模拟地连接。将 AD7711 的 MODE 端接地，使器件工作在外部时钟方式，其主时钟频率由 10MHz 的石英晶体产生，由 MCLK1 和 MCLK0 端输入。RTD1 端用来提供激励电流源，RTD2 端为精密采样电阻提供恒流源，构成基准参考电压。

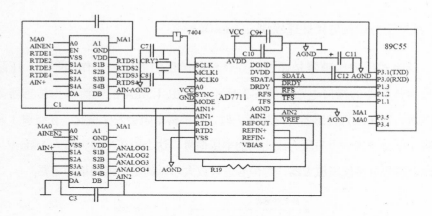

图 5-4　数据采集接口电路

　　采集的压力信号经两个多路转换开关 ADG609 后分别与 AD7711 的两路模拟输入通道连接。该电路中通信串行口工作在方式 0，即串行口用作同步移位寄存器，由 P3.0（RXD）端实现数据的输入、输出，串行口移位时钟由 P3.1（TXD）端输出。通信的波特率恒定为 FOSC/12，其中 FOSC 为单片机晶振。由于 AD7711 的数据串行输出格式与 89C55 单片机的数据串行输入格式相反，所以在单片机的时钟输出端与 AD7711 的串行口移位时钟端之间接一反相器，在进行软件设计时，数据位顺序要倒相。

　　图 5-4 中的 P1.1、P1.2 和 P1.3 三个端口分别与 AD7711 的 TFS、RFS、DRDY 端口相连，A0 端口与单片机的 P3.4 端口相连。其中，输入口 P1.3 用于读取 $\overline{\text{DRDY}}$ 的状态，其余输出口用于控制 AD7711 的读/写过程。

3. 外部存储器

　　在压力测量控制系统中，用 89C55 单片机扩展 8KB 的 EPROM（Erasable Programmable Read Only Memory，可擦编程只读存储器）（27C64）和 8KB 的 SRAM（Static Random Access Memory，静态随机存储器）（6264）分别作为外部的程序存储器和数据存储器。在扩展外部 SRAM 时，考虑到液晶显示屏需要占用输入/输出资源，因此采用了译码选址方式。选择较低的

6MHz 作为 89C55 单片机的工作频率，以降低单片机的功耗。89C55 单片机扩展系统的连接电路如图 5-5 所示。

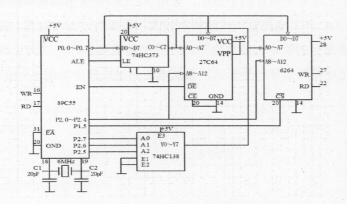

图 5-5 89C55 单片机扩展系统的连接电路

4. 液晶显示

油液压力给定装置选用的是 Epson 公司生产的 EA-D20040AR 点阵式液晶显示屏，它由 TN 型液晶显示器、CMOS 驱动器和 CMOS 控制器组成，模块内集成有字符发生器和数据存储器，采用单 5V 电源供电，内部有能显示 96 个 ASCII 字符和 92 个特殊字符的字库。液晶显示屏与 89C55 单片机的接口电路如图 5-6 所示。

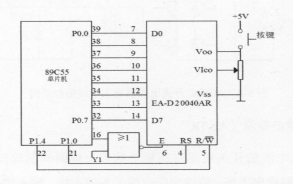

图 5-6 液晶显示屏与 89C55 单片机的接口电路

5．系统电源

为了实现系统设计的小型化，采用 AC/DC 开关电源模块给系统供电。由于 AC/DC 开关电源输出纹波相对较大，需要经过滤波处理。同时，系统模拟电路部分的供电和数字电路部分的供电需要分开，以防止数字信号的电平变化对模拟信号产生影响。系统电源的组成部分如图 5-7 所示。

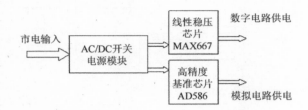

图 5-7　系统电源的组成部分

AC/DC 开关电源模块由输入整流滤波电路，以及由高频开关变换器和整流输出组成的主电路、控制电路两大部分组成。

AC/DC 开关电源模块主电路拓扑结构如图 5-8 所示，输入 220V 市电，通过 RC 滤波、整流桥整流、全桥逆变、高频隔离变压器、输出整流实现 AC/DC/AC/DC 的变换，最终得到需要的直流稳压电源。

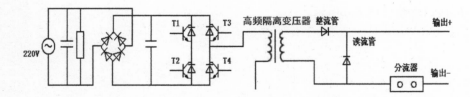

图 5-8　AC/DC 开关电源模块主电路拓扑结构

1）输入滤波整流（AC/DC）

低电压大电流的开关电源对高频干扰和上电瞬间的浪涌干扰十分敏感，为了使电路稳定工作，消除来自电网的各种干扰，输入的 220V 市电首先要经 RC 滤波电路，以对尖峰电压进行抑制。高频滤波后的电压经整流电路整流，得到直流电压。整流桥整流电路后面的滤波电容具有充放电的作用，可以滤除整流后的交流成分。

2）高频开关变换（DC/AC）

逆变电路采用全桥逆变，由 4 个 IGBT（Insulated Gate Bipolar Transistor，绝缘栅双极晶体管）作为开关管组成桥的四臂，每个 IGBT 并联 1 个高速功率的二极管，其钳位用来减小当开关管由导通转换为关断时变压器产生的电压尖峰，以保护开关管不被击穿。开关管 IGBT 的栅极接收 PWM 信号，当门极加正电压时，MOSFET（Metal Oxide Semiconductor Field Effect Transistor，金属氧化物半导体场效应晶体管）内会形成沟道，为 PNP 晶体管提供基极电流，从而使 IGBT 导通。当门极加负电压时，MOSFET 内的沟道消失，PNP 晶体管的基极电流被切断，IGBT 关断。T1、T4 与 T2、T3 轮流高频通断，完成 DC/AC 变换，再经高频隔离变压器转换成需要的隔离输出交流电压。

3）输出整流滤波（AC/DC）

由高频隔离变压器输出的逆变电压，经过大功率高频整流二极管 SBD 构成的输出整流电路整流，再经 LC 滤波电路滤波后输出直流电压，输出端的分流器对输出电压进行采样，并传送到控制电路进行控制调节，输出稳定的电压。

4）控制电路

控制电路是 AC/DC 开关电源模块稳定工作的重要保证，选取 UC3825 作为控制芯片，由振荡器、PWM 比较器、PWM 锁存器、输出驱动器、限流比较器、过流比较器、基准电压源、故障锁存器和软启动电路等组成。

应用 UC3825 设计 AC/DC 开关电源模块的控制电路，UC3825 的 2 个脉冲输出端为开关管 IGBT 提供 PWM 驱动信号，交替输出脉冲。因此，每个输出端输出脉冲的频率是振荡器频率的 1/2，输出脉冲占空比在 0%～50%

内调整。开关管的驱动电路如图 5-9 所示。

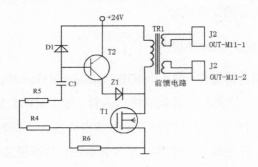

图 5-9　开关管的驱动电路

　　为了得到稳定的输出，需要在输出端进行实时采样。采样电流在流经采样电阻时会产生一个压降，将其作为反馈信号输入电压比较器，并与给定的基准电压进行比较，产生一个差值。再经过误差放大器放大输出差值信号，与锯齿波（或三角波）进行比较，从而改变输出脉冲的宽度。当输出电压大于基准电压时，减小脉冲宽度占空比；反之，则增大脉冲宽度占空比，从而得到稳定的输出。PWM 控制器结构图如图 5-10 所示。

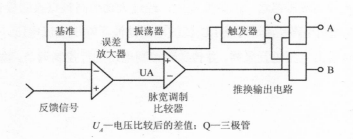

U_A—电压比较后的差值；Q—三极管

图 5-10　PWM 控制器结构图

6. 自动复位电路

　　为防止意外干扰引起系统死机，采用可重触发单稳态触发器 74LS123 设计了看门狗电路。如图 5-11 所示，P3.7 为喂狗信号，AN1 为复位按钮，

P3.6 为上电及复位指示。当电路上电及复位按钮按下时，74LS00 的 5 引脚及 74LS123 的 10 引脚变为低电平，74LS00 的 6 引脚输出高电平，为 89C55 单片机提供复位信号。上电及复位按钮释放后，通过 R4 给 C4 充电，74LS00 的 5 引脚及 74LS123 的 10 引脚逐渐升为高电平，74LS00 的 6 引脚输出为低电平，89C55 单片机停止复位。在上电及复位时，74LS123 的 10 引脚产生正跳变，触发 74LS123，从而使 74LS123 的 12 引脚为低电平。

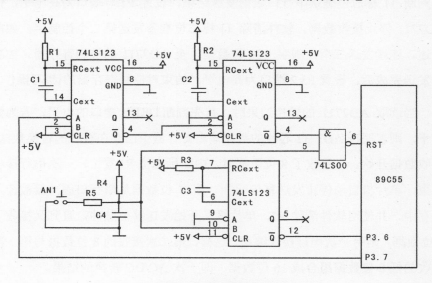

图 5-11　看门狗电路

 ### 5.3　系统软件设计

1. 数据采集流程

在进行数据采集时，使用 AD7711 的串行输出模式，由两个多路转换开关 ADG609 对输出的压力信号进行循环采样。完成压力参数采集分两步进行，即向 AD7711 芯片写入控制字和读取 AD7711 的转换结果。

当向 AD7711 写入控制字时，首先设置 P3.2 端口，使 A0 端口为低电平以读/写控制寄存器，软件清除 TI 标志位（串行口发送结束标志位）准备发送第一个控制字，设置 P1.1 端口，即 $\overline{\text{TFS}}$ 为低电平，发送控制字的前 8 位数据至缓冲区，$\overline{\text{TFS}}$ 下降沿使内部产生 SCLK（Serial Clock，串行口移位时钟）时钟输出，在时钟信号的上升沿，串行数据载入 AD7711 芯片中。通过判断 TI 标志位确认串行口数据发送结束，设置 P1.1 端口为高电平，使 AD7711 停止接收数据。软件清除 TI 标志位准备发送第二个控制字，如前所述，连续发送三个控制字（24 位数据）至 AD7711 的控制寄存器。控制字发送完成后，设置 P3.2 端口为高电平，结束对控制寄存器的读/写操作。

当读取 AD7711 的转换结果时，首先判断 $\overline{\text{DRDY}}$ 端口的电平，若为低电平，则表明在 AD7711 芯片的数据输出寄存器中已存在有效的转换数据，接收数据开始。当接收了 8 位数据时，中断标志位 RI 置位，一次串行接收结束，单片机自动停止发送移位脉冲。该 8 位数据从串行口缓冲器被读入内存中，并使用软件清除 RI，单片机又开始发送移位脉冲，直到又接收了 8 位数据，则另一次串行接收结束。这样，第二次接收的 8 位数据与第一次接收的低 8 位数据组合成 16 位数据，即一次 AC/DC 转换的结果。

2. 测控系统软件设计

压力测控系统的程序由主控程序和单位转换、清除零点、数据采集、压力校准、动态显示子程序组成。上电复位后，要先进行系统初始化。初始化的任务是将各工作单元清零、置位，并复位各标志位，包括设置堆栈指针、液晶显示的显示方式及显示地址、开中断及中断模式、配合面板功能键进行各项参数的设置等工作。当初始化工作完成后，液晶显示屏显示命令提示符，此后处于等待状态，由操作员通过键盘操作，使单片机协调调用各子程序完成对应的操作。主控程序流程如图 5-12 所示。

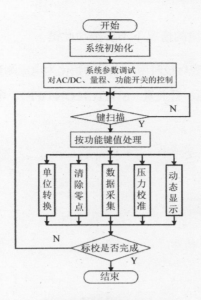

图 5-12　主控程序流程

 ## 5.4　使用及操作

5.4.1　面板介绍

油液压力给定装置面板由电源开关、电源插座、联机指示灯、充电指示灯、欠压指示灯、LCD 综合显示器、按键输入区、压力输出接头、注油孔、预充泵、微调阀、回检阀和把手等组成，如图 5-13 所示。

充电指示灯：插上交流 220V 电源，机内电池处于充电状态，指示灯变亮。

欠压指示灯：当电池电压低于 7.5V 时，指示灯变亮，此时需要给电池充电。

校准确认键：用来标校本机的压力零点、满程，使之满足精度要求（在不具备检定设备和环境的情况下不要按动此键）。

选择电量键：（仪表标校时用）本机初始化为电流测量，连续按下此键，可循环切换为电流、电压、开关量（SWITCH:ON/OFF）、电池电压。

图 5-13　油液压力给定装置面板

清除零点键：按下此键，可以将当前显示的压力值视为零点漂移值清除。开机初始化为非清压力零点状态。

压力单位键：本机初始化为 kPa（MPa），连续按下此键，可循环切换本机所设定的单位。

显示屏背光选择：可交替开关背光源。开机初始化为打开背光源。

双排液晶显示屏：显示为 16 位双排点阵字符。第一行显示压力的测量值和单位。第二行显示电量（可选）：电压、电流、开关量（SWITCH:ON/OFF）、电池电压及其单位。

预充泵：手动给各个管腔充油、排气。

微调阀：调节压力变动量。

回检阀：控制压力回程及稳压。

压力输出接头：M20×1.5 标准快速接头，连接标准表和被校表。

注油孔：给油箱加油。

5.4.2　开机准备和开机

1．确认设备（内置模块）压力量程

打开电源开关，观察智能高精度压力数字表显示的内置模块的压力量程。

2．接通电源

若使用交流供电，则在电源开关处于关机状态时，首先插入电源线，然后接好压力模块，最后打开电源开关。若使用直流供电，则只需直接打开电源开关即可。

3．开机预热

开机即显示智能高精度数字压力表的型号及压力量程，随后进入测试状态，此时即可使用。但为了保证测量精度，建议预热 15min 再进行测量。

5.4.3　测量方法

1．压力测量

（1）将被测压力表接入压力输出口。

（2）按下"压力单位"按键，选择与被测压力表一致的压力单位（kPa、MPa、psi、mbar、kgf/cm^2 等）。

（3）缓慢加压至被测压力表的满程，维持 1～2min，然后缓慢卸压回零。重复本操作三遍，即可进行测量。

（4）在卸压回零状态下按"清除零点"键。

注意：当压力过载、仪器有声音报警时，应立即卸压。

2．压力给定装置的使用

（1）打开机箱上盖，卸下丝堵，松开注油孔帽，使油箱通大气。

（2）取出手柄，插入机箱右侧手压泵口，将微调旋至适中位置。

（3）关闭回检阀，上下按动预充泵，使油面升至压力接口处。

（4）当管路内的气体随油排出后，将被校仪表、标准表接在快速接头上。

（5）摇动手压泵，使压力达到所需的压力值附近。

（6）使用微调阀精调到所需压力值。

（7）在回检时，可通过缓慢打开回检阀来实现回检或回零。

（8）工作结束后，应装上丝堵，拧紧注油孔帽，待用。

5.4.4　压力校准时的操作方法

压力校准时的操作方法如下（此方法只在上级计量部门发现压力装置超差后使用）。

（1）在仪表正常工作状态下，将压力系统接入更高精度的压力标准器。在零点至满程之间反复预压三次以上。

（2）断开仪表电源。

（3）打开仪表电源，在显示"Pressure module"前，按住面板上的"标校"键不放，直到显示"Calibrate"（可在开机前一直按压"标校"键）。

（4）显示屏显示"Calibrate"：

```
Calibrate
```

（5）显示完"Calibrate"后显示：

```
Select P/I/V ? P
   Sure ?
```

（6）此时按"压力单位"键可以循环选择"P/I/V?P"。选择"P"进行压力标校（标校的是写入AC/DC转换器的零点和满程）；按"选测电量"键进行确认，显示如下：

```
P: +0000.1    kPa
Pzero Goal
```

（7）此时模块通大气，按"标校确认"键，压力零点标校完毕，然后显示：

```
P: +29999.1    kPa
   Pfull Goal
```

（8）此时将模块加压至正满程，稳定后，按"标校确认"键，正满程标校完毕，显示：

```
Pressure OK
```

（9）压力标校完毕。

5.4.5　更换介质及清洗管路的方法

为避免管路进入空气，在清洗过程中，要以后种介质冲洗前种介质，且在每次更换介质或清洗管路前，要更换新的注油注射器。建议步骤如下。

（1）打开回检阀和注油孔帽，用配备的抽油注射器将油箱中的原液体抽出（直至油箱底部原液体无法抽出）。

（2）打开放油孔帽，将箱内原液体彻底放净（注意：要将注油孔帽打开）。

（3）拧上放油孔帽，用注油注射器将清洗液体（所标校飞机使用的滑油）注入油箱1/2左右位置（总容积约790mL）。

（4）关闭回检阀，将面板上左侧压力输出接口接上配备的输油导管，导管另一端放在容器（用于承接排出来的介质）中，上下拉动预充泵8～10次。

（5）将设备右侧加压手柄插入孔内，匀速往复拉动加压手柄，观察连接导管的出口处，应有液体缓慢流出，继续持续往复地拉动加压手柄100～120次，以便将泵中液体全部替换。

（6）将面板上压力输出接口上的导管卸下，拧上螺塞。打开回检阀，上下拉动预充泵两次。

（7）打开放油孔帽，用配备的抽油注射器将油箱中的原液体抽出。

（8）重复（2）～（7）两次以上，直至介质检验合格。

5.5 本章小结

本章从飞参通道标校设备的设计原则和功能需求出发，从系统总体设计、软硬件设计、使用及操作方面详细介绍了油液压力给定装置飞参通道标校设备的设计与实现，为飞参通道标校工作的实施提供了硬件平台。

第6章

通用检查仪的设计与实现

通用检查仪可以精确地输出和测量毫伏级直流电压、毫安级直流电流信号，还可以实现电阻值的精确输出，能够模拟多种型号的热电偶和感温电阻、热敏电阻、全阻滞温度传感器等的输出，用以对飞机排气温度、滑油温度、发动机进/出口温度、大气温度等飞参通道进行标校。此外，通用检查仪还能标校各种温度仪表和电动单元组合仪表，满足一线部队和大修厂对热电偶式温度表、电阻式温度表的原位检测与大修工作的需要。

 6.1 系统总体设计

通用检查仪硬件平台以直流电位差计为核心，由控制切换模块、输出调节模块、电压源与电流源输出模块、直流电位差计、DC/DC 变换模块、输出显示灯模块组成了毫伏级直流电压和毫安级直流电流的输出及测量单元；由高精度多值电阻器组成了标准电阻信号输出单元；由欠压检测模块来监控设备内置充电电池的电压，并由环境温度测量显示模块来完成温度的测量与显示。通用检查仪系统组成框图如图 6-1 所示。

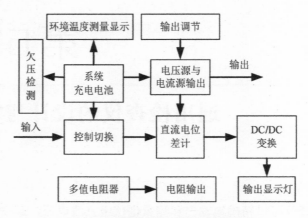

图 6-1　通用检查仪系统组成框图

6.2　设备硬件设计

1. 直流电位差计

直流电位差计利用补偿原理和比较法可以精确地测量直流电位差或电源电动势，它在直流电压测量方面可以达到很高的准确度，可用来检验配备热电偶的各种温度指示仪表，或直接测量热电偶的毫伏级电势信号[54,55]。

1）直流电位差计构造原理

直流电位差计原理图如图 6-2 所示，其中，E 为工作电源电动势，E_N 是标准电池电动势，U_X 是待测电压，R_N 为标准化电阻阻值，R_0 是测量电阻阻值，电阻器（阻值为 R）用于调节直流电位差计工作电流的大小。直流电位差计由工作回路、校准回路和测量回路（补偿回路）组成。

工作时调节电阻器，使工作回路的电流等于设计规定的标准电流 I_0。I_0 流过 R_N、R_0，在 R_N、R_0 上产生标准压降。只要改变 R_N 或 R_0 上的滑动点，就能改变 a、b 两点或 b、c 两点间的电压，在 a、b 和 b、c 两点之间输出稳定可调的标准电压 $U_{ab} = I_0 R_{Nab}$ 与 $U_{bc} = I_0 R_{0bc}$。

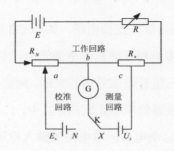

图 6-2　直流电位差计原理图

2）标准化 I_0

为了使流过 R_N 和 R_0 的电流是设计规定的标准电流值 I_0，必须对工作回路中的电流进行标准化调节，标准化的方法仍然采用补偿法，用标准电动势 E_N 来校准 ab 段上的电压 U_{ab}，从而达到校准 I_0 的目的。

标准电池在室温为 20℃时，输出的电压为 E_{20}。将当前室温 t ℃代入近似公式（6-1）（只是近似表达式，去掉了一些量纲很小的系数），即可求出标准电池的输出电压 E_t：

$$E_t \approx E_{20} - (t + 20)(t - 20) \times 10^{-6} \tag{6-1}$$

根据求出的 E_t 值，设定好 ab 段的阻值。将开关 K 打向 N，从高位到低位，调节电阻器，将检流计（图 6-2 中的 G）的电流调至零。这样，就将 I_0 标准化了。

3）测量待测电压 U_X

I_0 标准化后，bc 段上的电压 $U_{bc} = I_0 R_{0bc}$。改变 bc 段的阻值，就可以改变 U_0 的大小。将开关 K 打向 X，从高位到低位，调节 bc 段的阻值，改变 U_{bc} 的大小，使检流计中的电流为零。这样，测量回路达到补偿，待测电压 $U_X = U_{bc}$。

2. DC/DC 变换电路

DC/DC 变换器采用推挽式变换电路，如图 6-3 所示。DC/DC 变换电路构成简单，同时能得到多组相互隔离的电源输出，电路接通电源后，在强烈正反馈的作用下，两个三极管轮流导通和关断，两管集电极电压波形基本为矩形波，管耗较小，变换器效率也比较高。其中，二极管用来保护三极管的发射极，电阻用来提供启动电流。本电路的输入电压不超过 9V，且负载常接入，因此可不考虑其他保护措施。

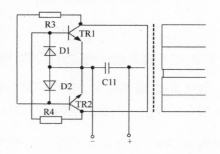

图 6-3 DC/DC 变换电路

考虑到电池的实际电压最低为 6.4V，设 DC/DC 变换器的效率 $\mu = 0.6$，则在电池电压最低时，与 DC/DC 变换电路的输出功率（1.2～1.4W）相应的输出电流最大为 230mA 左右；当电池充足电后的电压大于 8.2V 时，相应的输出电流最大为 330mA 左右、平均电流为 270mA。选取的电池容量大于1 000mAh。

3. 欠压检测电路

为避免因蓄电池电压下降造成测量精度降低或损坏电池，设计在电池电压降至 6.4V 时欠压指示灯亮，具体功能由比较器 IC1 来完成。欠压检测电路如图 6-4 所示。

当电池电压大于 6.4V 时，IC1 的同相端电压低于反相端电压，输出为低电平，欠压指示灯不亮；一旦电池电压小于 6.4V，IC1 的同相端电压高于反相端电压，则输出高电平，欠压指示灯亮，提醒使用人员电池需要充电。

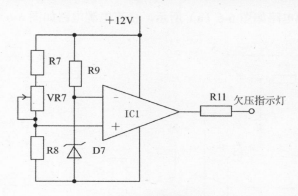

图 6-4 欠压检测电路

4. 电压源与电流源输出模块

通用检查仪可输出最大 200mV、10mA 以上的可调稳压电压和最大 7.5V、20mA 以上的可调稳流电流，由图 6-5 所示的电路完成。

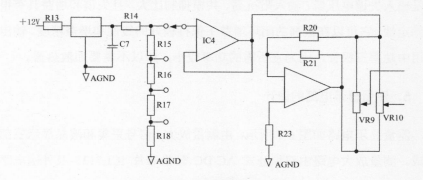

图 6-5 电源转换电路

IC3 为高精度、高稳定度的集成稳压器，其稳定电压为 2.45V。IC4 为电压跟随器，由电阻分压后的 51 mV、102 mV、205 mV 的信号经 IC4 传送给 IC5，IC5 的输出信号加在粗调电位器和细调电位器（见图 6-5 中的 VR9 和 VR10）两端。大小可调的电压信号送至由 IC6 和 TR3、TR4 组成的功率放大器（见图 6-6），经放大后输出。输出电流和输出电压反馈接入点有所不同。稳压电源电路如图 6-6（a）所示，稳流电源电路如图 6-6（b）所示。

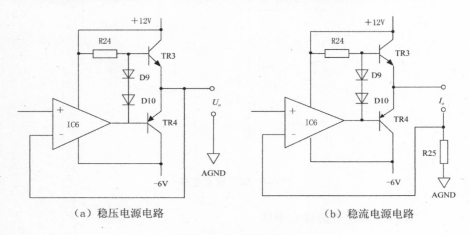

（a）稳压电源电路　　　　　　　　（b）稳流电源电路

图 6-6　电源输出电路

其中，IC6 选用低温漂、低噪声的高精度集成运算放大器 OP07，其优点是输入失调电压低、输入阻抗高、共模抑制比大，且失调和增益具有很好的稳定性。它可以在很高的闭环增益下保持极好的线性和增益精度。输出极采用中功率三极管，因为它所需的功率较小，所以不需要加散热器。

5．测量显示电路的设计

测量显示电路如图 6-7 所示，由测量放大、信号采集和液晶显示三部分构成。测量放大电路由双积分式 AC/DC 转换芯片 ICL7135 及外围电路构成；信号采集选用 AT89C52 作为主控单片机，其晶振选择为 12MHz；考虑到设备省电，显示部分采用液晶显示器。

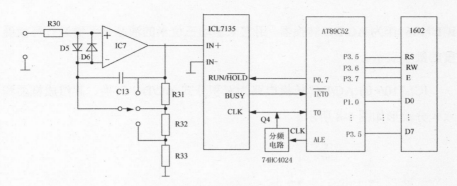

图 6-7　测量显示电路

在 ICL7135 与单片机系统进行连接时，如果使用 ICL7135 的并行采集方式，则不仅要连接 BCD 码数据输出线，还要连接 BCD 码数据的位驱动信号输出端，这样至少需要 9 根 I/O 口线，模块的连线会比较麻烦，编程也非常复杂。本书采用 ICL7135 与单片机的串行接法来设计测量显示电路，通过计脉冲数的方法来获得测量转换结果。

由于计数器 T0 所用的脉冲频率是系统晶振频率的 1/12，所以可利用 AT89C52 的 ALE 信号作为 ICL7135 的脉冲输入。为了使计数器 T0 的计数脉冲和 ICL7135 工作所需的脉冲同步，可以将 ICL7135 的 BUSY 信号接至 AT89C52 的 $\overline{INT0}$（P3.2）引脚上，并将计数器 T0 的选通控制信号 GATE 位置为 1。此时计数器 T0 是否工作将受 BUSY 信号的控制。在开始工作后，当 ICL7135 的 BUSY 信号跳高时，计数器 T0 开始工作，且计数器 T0 的 TH0、TL0 记录的数据与 ICL7135 的测量脉冲存在一定的比例关系。AT89C52 的晶振频率为 12MHz，经过 74HC4024 的 16 分频，可以用计数器 T0 对其进行计数。AT89C52 的 P0.7 引脚接 ICL7135 的 RUN/$\overline{HOLD}$ 引脚，用来启动 AC/DC 转换。

6．环境温度测量显示模块的设计

环境温度测量显示模块选用 PN 结作为温度传感器，并选用集成芯片

ICL7106 作为 AC/DC 转换器，用它来驱动三位半的液晶显示器进行环境温度的数字显示。

ICL7106 的 AC/DC 转换电路为双积分式 AC/DC 转换，其组成框图和双积分波形如图 6-8 所示。

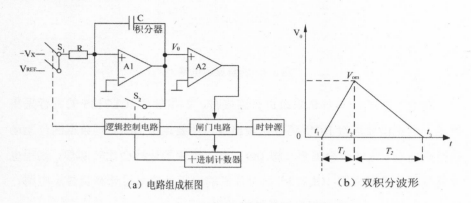

（a）电路组成框图　　　　　（b）双积分波形

图 6-8　双积分式 AC/DC 转换

两次积分的工作过程如下。

（1）对被测电压进行定时积分。设当 $t=t_1$ 时，开关 S_1 接通被测电压 $-V_x$，积分器 A_1 对 $-V_x$ 进行正向积分，其输出电压 V_0 线性上升。一旦 $V_0 \geqslant 0$，过零比较器 A_2 翻转，输出从低电平跳到高电平，打开闸门，时钟脉冲进入计数器计数。经过预定时间 T_1 或计数器预置值 N_1 后，在计数器溢出（$t=t_2$）时，产生溢出脉冲，该溢出脉冲通过逻辑控制电路使开关 S_1 接通基准电压 V_{REF}，定时积分阶段结束。定时积分结束时积分器的输出电压如下：

$$V_{om} = \frac{-1}{RC}\int_{t_1}^{t_2} -V_x \mathrm{d}t = \frac{V_x}{RC}T_1 = \frac{V_x}{RC} \cdot \frac{N_1}{f_0} \qquad (6-2)$$

式中，f_0 为计数脉冲的频率；N_1 为计数器的预置值。

（2）对基准电压进行定值积分。设当 $t=t_2$ 时，开关 S_1 接通基准电压

V_{REF}。积分器 A_1 对 V_{REF} 进行反向积分，其输出电压 V_0 线性下降。当 V_0 下降到 $V_0 \leqslant 0$（$t = t_3$）时，过零比较器 A_2 再次翻转，输出从高电平跳到低电平，闸门关闭，停止计数，逻辑控制电路使开关 S_2 闭合，积分电容快速放电，积分器恢复到零状态，定值积分阶段结束。定值积分结束时积分器的输出电压如下：

$$V_0 = V_{\text{om}} + \frac{-1}{RC} \int_{t_2}^{t_3} V_{\text{REF}} \mathrm{d}t = V_{\text{om}} - \frac{V_{\text{REF}}}{RC} T_2 \tag{6-3}$$

式中，T_2 为定值积分的时间，可以通过计数器累计的时钟脉冲 N_2 来计算：

$$T_2 = N_2 / f_0 \tag{6-4}$$

将式（6-4）代入式（6-3），并令式（6-3）为零，得

$$V_{\text{om}} = \frac{V_{\text{REF}}}{RC} T_2 = \frac{V_{\text{REF}}}{RC} \cdot \frac{N_2}{f_0} \tag{6-5}$$

这样，由式（6-2）和式（6-5）可得

$$V_x = V_{\text{REF}} \frac{T_2}{T_1} = \frac{V_{\text{REF}}}{N_1} \cdot N_2 \tag{6-6}$$

可见，只要适当选择 V_{REF}/N_1 的比值，被测电压 V_x 的值可直接以计数值 N_2 来显示。

环境温度测量显示电路如图 6-9 所示，ICL7106 可将环境温度模拟信号转换为数字信号，再经过锁存器、译码器等数字电路处理后，送至带有异或门的相位驱动器，可直接驱动 LCD 显示温度数据。由 R40、R42、RP1 组成的测温电桥 R_{BE} 是发射结的正向电阻，将 ICL7106 的 2.8V 基准电压作为电桥的电源。为改善 PN 结的温度非线性，这里用场效应管 3DJ7F 接成恒流源给 PN 结供电。

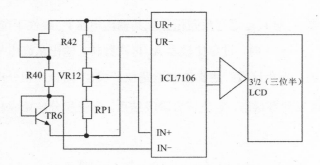

图6-9　环境温度测量显示电路

7．标准电阻输出单元

标准电阻信号输出单元用于实现电阻值的精确输出，它由六个十进制电阻盘组成。由于多值电阻输出单元与测量电路和输出电路没有电气连接，所以其使用方法与单独多值电阻器的使用方法相同，输出电阻值就等于六个十进制电阻盘确定的数值。

6.3　系统软件设计

由于 ICL7106 是直接驱动 LCD 数码管的 ADC（Analog Digital Converter，模数转换器），所以软件程序设计主要完成单片机从 ICL7135 读取转换的电压/电流信号数字量并送往 LCD 进行显示的工作。

1．参数采集过程

首先，设置单片机的 P0.7 引脚为高电平，启动 ICL7135 进行 A/D 转换。在 A/D 转换进入被测电压定时积分阶段时，ICL7135 的 BUSY 端出现上升沿，使单片机的 $\overline{INT0}$ 引脚为 1，计数器 T0 立即启动，对 T0 引脚的输入脉冲（ICL7135 的时钟脉冲）进行计数。其次，在 A/D 转换的基准电压反积分阶段结束时，ICL7135 的 BUSY 端出现下降沿，使单片机的 $\overline{\text{INT0}}$ 引脚变为 0，计数器 T0 停止计数。同时，BUSY 端的下降沿也触发了单片机的 $\overline{\text{INT0}}$ 中断，通过 $\overline{\text{INT0}}$ 中断服务程序读出计数器 T0 的计数结果 S，即完成被测电压积分阶段和基准电压反积分阶段所需的时钟脉冲数的总和。由于被测电压积分阶段的时间是固定的，为 10 000 个时钟脉冲，所以用计数器 T0 的计数结果 S 减去被测电压积分阶段的计数值 10 000，即得到基准电压反积分阶段的计数值 N 为

$$N = S - 10\,000 \tag{6-7}$$

由于被测电压积分阶段和基准电压反积分阶段的积分电压与积分时间满足以下关系式：

$$10\,000 \times V_{\text{in}} = N \times V_{\text{REF}} \tag{6-8}$$

所以，经过简单变换可得输入模拟电压的计算公式为

$$V_{\text{in}} = V_{\text{REF}} \times N / 10\,000 \tag{6-9}$$

在式（6-9）中，由于基准电压 V_{REF} 是已知的，所以在由式（6-7）求出 N 后，就可以计算模拟输入信号 V_{in} 的大小了，最后只需将其送至 LCD 进行显示即可。

2. 系统程序设计

软件流程图由三部分组成：主程序、中断服务程序和显示子程序。其中，显示子程序是在主程序中调用的，这样设计程序是为了不占用很长的中断时间。T0 设定为模式 1，定时状态、选通控制设为"1"。TMOD 控制字设置为"05H"。由于 T0 用的是系统的晶振频率，所以与设定为计数状态效果一

样。本设计在数据读出中断并置 RUN/ $\overline{\text{HOLD}}$ 为高电平后，在主程序中通过循环检测 $\overline{\text{INT0}}$ 电平来等待 $\overline{\text{INT0}}$ 中断，当 $\overline{\text{INT0}}$ 为高电平时，立即把 RUN/ $\overline{\text{HOLD}}$ 置为低电平，可保证系统正常工作。系统软件流程图如图 6-10 所示。

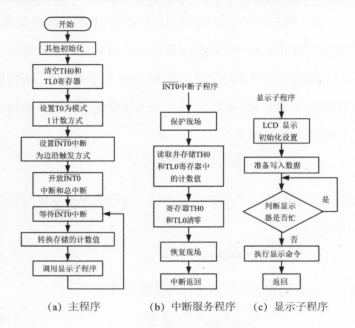

(a) 主程序　　　(b) 中断服务程序　　(c) 显示子程序

图 6-10　系统软件流程图

6.4　使用及操作

6.4.1　面板介绍

通用检查仪面板由电源开关、测量显示、环境温度显示、电源/欠压指示灯、调零旋钮、充电指示灯、电源插座、输入插孔、测量选择波段开关、输出选择波段开关、粗调旋钮、细调旋钮、6 个多值电阻器和电阻输出插孔等组成。通用检查仪面板如图 6-11 所示。

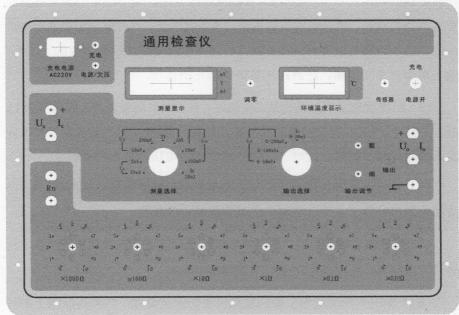

图 6-11 通用检查仪面板

6.4.2 使用方法

（1）使用时打开电源开关。

（2）短路"U_x-I_x"端钮，将"测量选择"旋钮旋到 U_x-20mV 档，接通电源，数分钟后调节调零旋钮使测量显示表显示值为零。

（3）当需要电压输出时，将"输出选择"旋钮旋到要选定的档位，同时将"测量选择"旋钮旋到 U_0-20mV 或 U_0-200mV 档，负载接在"U_0-I_0"端钮两端，调节粗调和细调旋钮达到所需值即可。当需要电流输出时，将"输出选择"旋钮旋到 I_0-20mA 档，同时将"测量选择"旋钮旋到 I_0-20mA 档，负载接在"U_0-I_0"端钮两端，调节粗调和细调旋钮达到所需值即可。

（4）在一般情况下，当输出电压时，需要使通用检查仪和被检对象之间连接导线的电阻值小于 0.0005Ω 被测对象的内阻。当导线过长或导线截面积达不到要求时，建议采用四端接法。具体做法是：用两根导线将通用检查仪的"U₀-I₀"端与被测对象相连接，再用两根导线将通用检查仪的"Uₓ-Iₓ"端与被测对象相连接。注意：正负极性需正确连接。

（5）当需要测量机外的电压、电流时，只需将"测量选择"旋转旋到 Uₓ 或 Iₓ 的适当位置，再把被测对象接在"Uₓ-Iₓ"端钮两端，测量显示将准确显示被测对象的数值，此时"U₀-I₀"端的输出电压或电流不受影响。

（6）多值电阻器的使用方法与单独多值电阻器的使用方法相同。Rn 两端的电阻值就等于 6 个十进制电阻盘位置确定的数值。

（7）若需测量环境温度，则可将感温棒电缆插头插入面板右上角的"传感器"接口上，即可显示所处环境的温度。

（8）"输出"开关是为了保证被测仪表的安全设置，当将其扳到上面时有输出（包括电压、电流），当扳到下边时无输出，可根据需要使用。

6.5　本章小结

本章从飞参通道标校设备的设计原则和功能需求出发，从系统总体设计、软硬件设计、使用及操作方面详细介绍了通用检查仪飞参通道标校设备的设计实施方案，为飞参通道标校工作的实施提供了硬件平台。

第 7 章

其他飞参通道标校设备的设计与实现

 7.1 无线电高度检查仪的设计与实现

无线电高度检查仪用来对无线电高度通道进行标校，同时可以原位检查无线电高度表的工作性能等。无线电高度检查仪的主要功能包括：根据不同机型机载无线电高度表的特点定点输出 0～1 500m 的模拟无线电高度信号；实现射频信号通道衰减量控制；对无线电高度表的测高精度、搜索灵敏度和跟踪灵敏度进行原位检测。

飞机无线电高度通道标校项目涉及 34 种机型的 14 种不同型号的低空无线电高度表。调研发现，无线电高度表测高不准（尤其在 500m 以下误差较大）是无线电高度参数最常见的故障现象。

1. 标校高度统计分析

1）14 种不同型号的低空无线电高度表主要性能参数统计

14 种不同型号的低空无线电高度表按性能可分为 11 类，具体情况如表 7-1 所示。表 7-1 中的测高精度校验点数据来自设备的履历本。

表 7-1 14 种不同型号的低空无线电高度表主要性能参数

序号	工作频率/调制方式	测高范围	测高精度校验点/衰减值
1	4.3GHz±10MHz/FMCW	0～1 500m	0m/55dB, 418m/100dB
2	4.3GHz±100MHz/FMCW	0～1 500m	0m/55dB, 20m/90dB, 500m/110dB
3	4.3GHz±100MHz/FMCW	0～6 000m	0m/55dB, 20m/90dB, 500m/110dB
4	1 538MHz±8MHz /FMCW	0～600m	0m/55dB, 20m/90dB, 418m/100dB
5	444MHz±6MHz /FMCW	0～600m	0m/55dB, 20m/90dB, 418m/100dB
6	4.3GHz±100MHz/FMCW	0～1 500m	100m/80dB, 1 500m/105dB
7	4.3GHz±15MHz	0～762m	0m/55dB, 76.2m/100dB
8	4.3GHz±15MHz/FMCW	0～762m	0m/55dB, 76.2m/100dB
9	4.3GHz±50MHz/FMCW	0～762m	0m/55dB, 76.2m/100dB
10	4.3GHz±100MHz /FMCW	0～600m	0m/55dB, 20m/90dB, 418m/100dB
11	4.3GHz±100MHz /FMCW	0～750m	0m/55dB, 20m/90dB, 500m/110dB

2）具体的标校高度统计分析

综合考虑低空无线电高度表的机上应用特性（尤其重视 0～500m 高度的测高精度）、收发机测高范围和测高精度校验点等因素，来确定低空无线电高度表的标校高度值。同时，同一机场不同机型装备的不同型号的低空无线电高度表采用同一台检查仪进行高度标校，当标校不同型号低空无线电高度表时，更换配套的收/发天线射频电缆。最终，将 14 种不同型号的低空无线电高度表按标校高度点数和载频的不同划分为以下 4 种设计方案。

方案一：4 台有 0m、20m/50m、120m、418m、500m、600m/1 000m 共 6 个标校高度点，载频为 4.3GHz±100MHz（窄脉冲调制、调频方式）。

方案二：8 台有 0m、20m/50m、120m/418m/500m、600m 共 4 个标校高度点，载频为 4.3GHz±100MHz（窄脉冲调制、调频方式）。

方案三：1 台有 0m、50m、418m、600m 共 4 个标校高度点，载频为 444MHz±6MHz（调频方式）。

方案四：1 台有 0m、50m、418m、600m 共 4 个标校高度点，载频为 4.3GHz±100MHz、1 538MHz±8MHz 双载频（窄脉冲调制、调频方式）。

2. 系统设计方案

上述 4 种设计方案的区别在于，标校高度点数量和输出信号载频不同，下面以方案一为例来介绍无线电高度检查仪的相关设计内容。无线电高度检查仪的系统组成框图如图 7-1 所示。

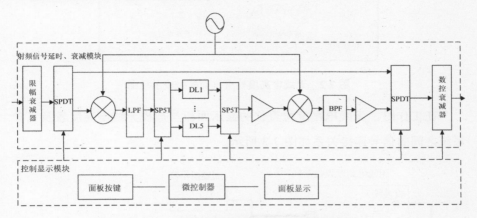

图 7-1　无线电高度检查仪的系统组成框图

在图 7-1 中，SPDT 为单刀双掷微波开关，SP5T 为单刀五掷微波开关，DL1～DL5 为声表面波延迟线，LPF 为低通滤波器，BPF 为带通滤波器。其中，限幅衰减器的衰减量为 20dB，各放大器的放大量为 20dB，下变频器的输入信号频率为 460MHz，上变频器的输出信号频率为 4.3GHz，数控衰减器的衰减范围为 10～110dB。

3. 设备面板布局

无线电高度检查仪面板组成示意图如图 7-2 所示，它由模拟高度设定、衰减量设定、模拟高度显示、衰减量显示、收/发天线连接端钮和电源开关组成，其中，衰减量设定采用步进量 2dB 和 10dB 两种方式。

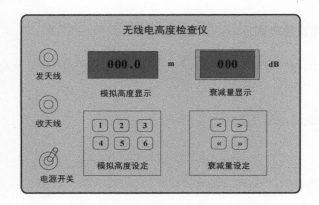

图 7-2 无线电高度检查仪面板组成示意图

在工作时，无线电高度检查仪的显示面板与被校无线电高度表及飞参系统之间的信号连接关系如图 7-3 所示。

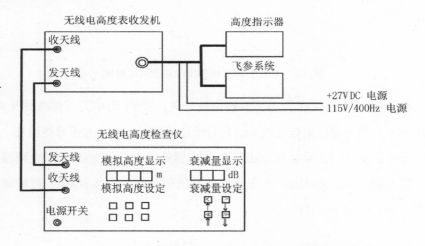

图 7-3 无线电高度检查仪工作时的信号连接关系

4．功能模块设计

无线电高度检查仪由射频信号延时、衰减模块和控制显示模块两大模块组成。

射频信号延时、衰减模块通过声表面波延迟线对无线电高度表收发机发天线输出的射频调制信号（连续调频波信号或脉冲调制波信号）进行延时处理，并通过程控射频信号衰减器对此信号进行衰减控制；控制显示模块用于控制射频信号延时、衰减模块的延时及衰减量，并显示设置值。无线电高度检查仪两大模块间的信号连接关系如图7-4所示。

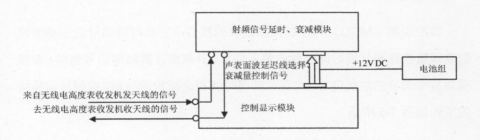

图 7-4　无线电高度检查仪两大模块间的信号连接关系

1）射频信号延时、衰减模块

射频信号输入后，先经过一个能承受较大功率的 **20dB** 的固定衰减器，将功率衰减到后级电子元件可以承受的范围。然后在控制显示模块控制信号的作用下，被输入端单刀双掷微波开关 SPDT 切换到直通路（延迟时间为0）或延迟路，如果切换到延迟路，则首先经过混频器，下变频到 750MHz，再由单刀五掷微波开关 SP5T 切换到延迟时间不同的延迟线 1、延迟线 2、延迟线 3、延迟线 4 或延迟线 5。信号经声表面波延迟线延迟后，再经过混频器，上变频到最初的频率。信号经数控衰减器进一步衰减，以实现足够的衰减。最后经过延迟和衰减的信号通过输出端口输出。

射频信号延时、衰减模块主要有以下两大功用。

（1）对来自无线电高度表收发机发天线的射频调制信号，经某一声表面波延迟线进行特定时间的延迟，以模拟标定的真实高度值。

（2）对来自无线电高度表收发机发天线的射频调制信号，经限幅衰减器和数控衰减器进行特定值（在进行测高精度检测时）或变化值（进行搜索、跟踪灵敏度检测时）的功率衰减，以完成对测高精度、搜索、跟踪灵敏度的原位检测。

2）控制显示模块

微控制器（MCU）为控制显示模块的核心，它在时钟信号的驱动下读取衰减量控件和延迟时间控件的输入信息，并据此计算射频信号延时、衰减模块各个部分的控制信号，实现对延迟时间和衰减量的控制。控制显示模块的结构如图 7-5 所示。

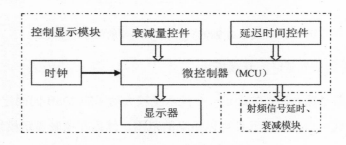

图 7-5 控制显示模块的结构

5. 射频信号延时与衰减控制关系

射频信号延时、衰减模块的控制接口采用小型化的 J30J-21TJP 矩形插座，其信号引脚定义如下：2 脚～7 脚为衰减控制信号 D1～D6，9 脚～11 脚为延迟时间控制信号 C1～C3，20 脚接地，21 脚为+12V 的电源，其余引脚悬空。

射频信号延时、衰减模块的延迟时间控制真值如表 7-2 所示，衰减量控制真值如表 7-3 所示。控制信号电平为标准的 TTL 电平。

表 7-2　射频信号延时、衰减模块的延迟时间控制真值

控制信号（C3、C2、C1）	000	001	010	011	100	101
延迟通道	第一路	第二路	第三路	第四路	第五路	第六路

表 7-3　射频信号延时、衰减模块的衰减量控制真值

控制信号						衰减量/dB
D6	D5	D4	D3	D2	D1	
0	0	0	0	0	0	45
0	0	0	0	0	1	47
0	0	0	0	1	0	49
↓	↓	↓	↓	↓	↓	↓
1	1	0	0	0	1	143
1	1	0	0	1	0	145
其他						≥145

6. 使用及操作

1）设备工作良好性的确认

（1）将无线电高度检查仪电源开关扳到"锂电源"位，"欠压"指示灯应不亮（若亮，应利用提供的充电器给内部的锂电池组充电 4h 左右）；扳回"关"位。

（2）按外场维护规程，全面通电检查被校无线电高度表，确认其工作良好性；断电。

（3）按外场维护规程，全面通电检查飞参系统相关设备，确认其工作良好性；断电。

2）测试电缆的连接

（1）拧下被校无线电高度表收发机"发天线"插座上的发射天线电缆、"收天线"插座上的接收天线电缆。

（2）将无线电高度检查仪置于无线电高度表收发机附近较开阔、便于操

作处，从无线电高度检查仪电缆盒中取出发射天线测试电缆、接收天线测试电缆，将发射/接收天线测试电缆一端（TNC 插头端）分别接至无线电高度表收发机的"发天线"和"收天线"插座上，另一端（SMA 插头端）分别接至无线电高度检查仪面板上的"发天线""收天线"插座上（要拧到位）。

3）无线电高度表指示高度值的记录和飞参系统采集的无线电高度数据的提取

（1）将无线电高度检查仪电源开关扳到"锂电源"位，面板上模拟高度、衰减量应显示为设定的初始化值（0m/55dB）。

（2）给机上被校无线电高度表和飞参系统相关设备上电，通过无线电高度检查仪上的"模拟高度"按键，依次将模拟高度值设置为 0m、50m、100m、150m、600m、1 200m、1 800 m、2 100 m，同时，依次读取、记录被校无线电高度表的指示高度值。

（3）卸载、提取飞参系统采集的无线电高度数据。

4）结束工作

（1）将无线电高度检查仪电源开关扳到"关"位，逆时针拧下面板上"发天线"和"收天线"插座上的测试电缆。

（2）将被校无线电高度表和飞参系统相关设备断电，先卸下、收起无线电高度表收发机的"发天线"和"收天线"插座上的测试电缆，再将拧下的原无线电高度表的发射天线电缆、接收天线电缆分别拧到无线电高度表收发机的"发天线"和"收天线"插座上。

（3）按外场维护规程，再次通电检查被校无线电高度表，确认其工作良好性；断电。

7.2 振动检查仪的设计与实现

振动检查仪可以输出 205Hz、252Hz、263Hz 三种固定频率和 180～300Hz 可调频率的高精度正弦波信号,用于给定发动机振动通道标校用信号。同时,振动检查仪能够测量振动放大器的输出 g 值,以原位检查振动放大器的工作性能;振动检查仪的直流电流输出可以精确地控制为 0～200μA,以模拟传感器输出经放大器转换后的 g 值,具有检查振动指示器工作性能的功能。

1. 系统总体设计

振动检查仪由定频输出单元、变频输出单元、g 值测量与直流电流输出单元、输出控制切换模块、综合显示单元、系统电源模块组成,如图 7-6 所示。

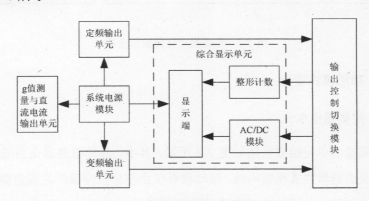

图 7-6 振动检查仪的系统组成

2. 设备面板布局

振动检查仪面板由充电插口、充电指示灯、电源/欠压指示灯、直流显示、g 值与直流电流对应刻度表、频率显示、毫伏显示、充电启动开关、微安表选择旋钮、I 调节旋钮、g 值输入、直流电流输出、频率选择旋钮、毫伏调节、频率调节等组成，如图 7-7 所示。

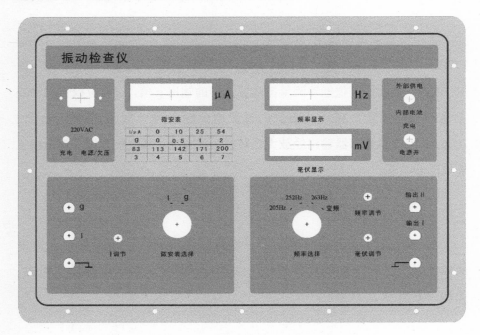

图 7-7　振动检查仪面板示意图

3．功能模块设计

1）定频输出单元

定频输出单元组成框图如图 7-8 所示，其中，晶体振荡器是由晶体、与非门等组成的串联式振荡电路。振动检查仪由晶体振荡器产生固定频率，在经过由计数器、与非门、频率选择波段开关等组成的分频器后，分别输出 205Hz、252Hz、263Hz 的方波，其频率稳定度为 ±0.5Hz/min；再经过 6 阶有源滤波器和幅值调节，就可以得到需要的正弦波信号了，进而模拟谐振频率为 205Hz、252Hz、263Hz 的机载振动传感器的输出。

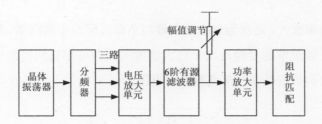

图 7-8　定频输出单元组成框图

2）变频输出单元

变频输出单元由函数信号发生器、电压放大单元、6 阶有源滤波器和输出精调模块（频率调节和幅值调节）组成。方波信号在限幅后经 6 阶有源滤波器获得需要的正弦信号，其频率为 180～300Hz，频率稳定度为 ±0.2Hz/min，可用来模拟谐振频率在此范围内的机载振动传感器的输出。变频输出单元组成框图如图 7-9 所示。

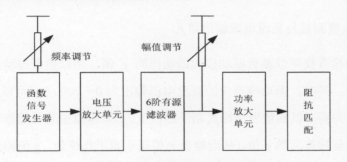

图 7-9　变频输出单元组成框图

3）综合显示单元

综合显示单元用以显示输出正弦波信号的频率与幅度，其组成框图如图 7-10 所示，由 10s 时基电路组成的频率计的分辨率为 0.1Hz，输出正弦波信号经整形后即可进行计数显示。交流毫伏正弦波信号经半波线性检波电路输出直流信号，再输入 AC/DC 电路，即可显示交流毫伏值。

振动检查仪采用互补无变压器输出的功率放大器，它除了对工作频率信号进行功率放大,还作为前级放大器与负载匹配的中间网络。频率产生单元输出的正弦频率信号经过功率放大器放大后即可得到所需的电压值,此时调节毫伏调节电位器,可调整输出电压。

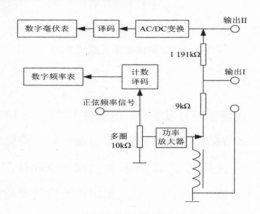

图 7-10 综合显示单元组成框图

4)g 值测量与直流电流输出单元

振动检查仪可以测量振动放大器输出的 g 值,用以检查振动放大器的工作性能。同时,振动检查仪的直流电流输出为 0~200μA,可以根据 I 和 g 的对应关系(以刻度表的形式刻于面板上),来模拟振动传感器输出量经振动放大器转换后的 g 值,从而检查 g 值指示器工作性能。g 值测量与直流电流输出单元组成框图如图 7-11 所示。

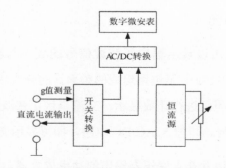

图 7-11 g 值测量与直流电流输出单元组成框图

5）输出控制切换模块

由于输出信号复杂且要求精度高、档位变换多，所以设计了多路控制模块，其核心是波段开关、多路控制模块、继电器等控制三路定频信号和一路变频信号的输出切换，以保证系统工作的可靠性。

6）系统电源模块

系统电源模块组成框图如图7-12所示。系统电源模块输入为220V/50Hz的市电，用于为振动检查仪的内置电池充电。在工作时，内置电池经稳压、极性反转得到±5V 直流电，经 DC/DC 变换得到±12V 直流电。系统电源模块用来为内部工作的其他模块供电。

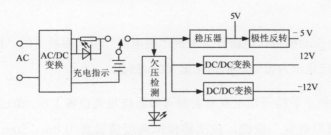

图 7-12　系统电源模块组成框图

4. 使用及操作

1）设备工作良好性的确认

（1）将振动检查仪电源开关扳到"锂电源"位，"欠压"指示灯应不亮（若亮，则应利用提供的充电器为内部的锂电池组充电4h 左右）；扳回"关"位。

（2）按外场维护规程，全面通电检查被校无线电高度表，确认其工作良好性；断电。

（3）按外场维护规程，全面通电检查飞参系统相关设备，确认其工作良好性；断电。

2）测试电缆的连接

（1）拧下被校无线电高度表收发机"发天线"插座上的发射天线电缆、"收天线"插座上的接收电缆。

（2）将振动检查仪置于无线电高度表收发机附近较开阔、便于操作处，从检查仪电缆盒中取出发射天线测试电缆、接收天线测试电缆，将发射、接收天线测试电缆端（TNC 插头端）分别接至无线电高度表收发机的"发天线"和"收天线"插座上，另一端（SMA 插头端）分别接至振动检查仪面板上的"发天线"和"收天线"插座上（要拧到位）。

3）无线电高度表指示高度值的记录和飞参系统采集的无线电高度数据的提取

（1）将振动检查仪电源开关扳到"锂电源"位，面板上的"模拟高度""衰减量"应显示为设定的初始化值（0m/55dB）。

（2）给机上被校无线电高度表和飞参系统相关设备上电，通过振动检查仪上的"模拟高度"按键，依次将模拟高度值设置为 0m、50m、100m、150m、600m、1 200m、1 800 m、2 100 m，同时，依次读取并记录被校无线电高度表的指示高度值。

（3）卸载、提取飞参系统采集的无线电高度数据。

4）结束工作

（1）将振动检查仪电源开关扳到"关"位，拧下（逆时针）面板上的"发天线"和"收天线"插座上的测试电缆。

（2）将被校无线电高度表和飞参系统相关设备断电，先卸下并收起无线电高度表收发机的"发天线"和"收天线"插座上的测试电缆，再将拧下的原无线电高度表的发射天线、接收天线电缆分别拧到无线电高度表收发机的"发天线"和"收天线"插座上。

（3）按外场维护规程，再次通电检查被校无线电高度表，确认其工作良好性；断电。

 ## 7.3　标准检查仪的设计与实现

标准检查仪用来为各种模拟量、开关量飞参通道的标校工作提供标准信号源。标准检查仪可以输出 0～30V、0～+10V、−10～0V 三种电压可调的直流电压和 0～115V/400Hz 的电压可调交流电压信号，并可以对传感器输出为直流/交流电压信号的通道进行信号的模拟给定。此外，标准检查仪还可以输出直流 28.5V 和高阻两种开关量信号，以对飞参通道标校用开关量信号进行给定。

1. 设备总体设计

标准检查仪的硬件组成框图如图 7-13 所示，由电源变换模块、可调稳压模块、高阻输出单元、输出控制切换模块和显示模块组成。

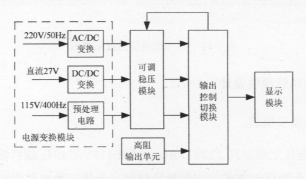

图 7-13　标准检查仪的硬件组成框图

2．设备面板布局

标准检查仪面板由总电源开关、开关量输出开关、直流及交流电压和电流综合显示区、直流及交流输入区、0～30V 直流模拟量调节输出区、0～+10V 直流模拟量调节输出区、−10～0V 直流模拟量调节输出区、0～115V/400Hz 交流模拟量调节输出区、输出选择波段开关、直流指示灯、交流指示灯、开关量指示灯等组成。标准检查仪面板示意图如图 7-14 所示。

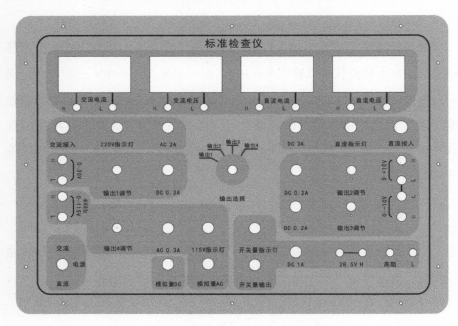

图 7-14　标准检查仪面板示意图

3．主要功能模块设计

1）电源变换模块

标准检查仪采用交流 220V/50Hz、交流 115V/400Hz 或直流 27V、交流 115V/400Hz 两种供电方式，方便外场使用。为使三种电源变换电路（交流 220V/50Hz、交流 115V/400Hz 和直流 27V）不产生冲突，标准检查仪用互锁电路来隔离三种电源变换电路的输出，从而保证电源变换模块正常工作。电源变换模块组成框图如图 7-15 所示，其中，DC/DC 变换模块组成框图如图 7-16 所示。

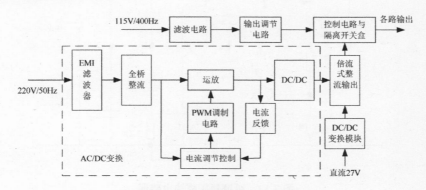

图 7-15　电源变换模块组成框图

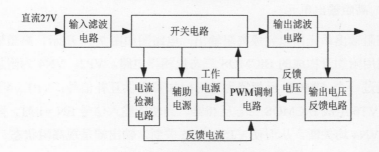

图 7-16　DC/DC 变换模块组成框图

2）可调稳压模块

可调稳压模块采用有过载保护的三端集成稳压器 LM317、LM337（负压用）和 ZTX330、ZTX500 对管组成双极性电压连续可调的直流稳压变换单元。输出电压调整范围较宽；增加了电压补偿电路，可以实现输出电压从 0V 起连续可调。因为要求电路具有很强的带负载能力，所以通过分别由 TR1、C3、R3、R4 及 TR2、C4、R5、R6 组成的两个软启动电路以适应所带负载的启动性能。可调稳压模块电路图如图 7-17 所示。

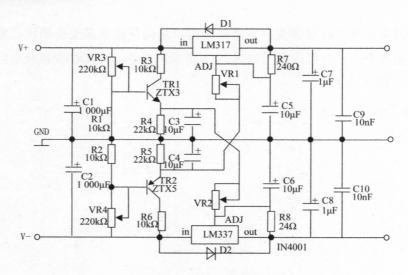

图 7-17　可调稳压模块电路图

3）高阻输出单元

高阻输出单元用以完成高阻输出，电路图如图 7-18 所示。高阻输出电路是利用附加管构成的 BiCMOS 三态反相器电路，VP2、VN4 为附加管，电路通过一个 CMOS 反相器为这对附加管提供互补信号；VP1、VN3 和 VT5、VT6 组成 BiCMOS 三态反相器。当使能输入信号 EN =1 时，附加管 VP2、VN4 均关断，从而使 VT5、VT6 关断，输出端呈现高阻状态。

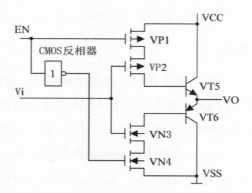

图 7-18　高阻输出电路图

4）输出控制切换模块

由于各路输出要求电压连续可调，所以设计了输出控制切换模块，其核心是单片机、A/D 转换模块等配合可调稳压模块来精确控制各路输出信号的幅值。

5）显示模块

显示模块由 A/D 转换和 LED 数码显示组成，可以对各路模拟量输出的电压及电流值进行测量显示。

4．使用及操作

1）使用前准备工作

外观检查：使用前先观察标准检查仪的外观情况。打开标准检查仪箱盖，面板应完整、清洁；面板上的开关、按钮操作灵活；指示器、信号灯表面无破损现象；输入、输出端钮柱无锈蚀、接触良好。

上电：标准检查仪可以使用交流 220V/50Hz 或直流 27V 两种电源中的任何一种，但是禁止同时使用以上两种电源。

（1）使用直流电源。

将直流电源专用电缆的一端连接外部的直流 27V 电源，另一端连接在面板上的"直流接入"插座上，"直流指示灯"亮；将电源选择开关拨到向上位置，"电源开"指示灯亮，此时标准检查仪进入工作状态。

（2）使用交流电源。

将交流电源专用电缆的一端连接外部的交流 220V/50Hz 电源，另一端连接在面板上的"交流接入"插座上，"220V 指示灯"亮；将电源选择开关拨到向上位置，"电源开"指示灯燃亮，此时标准检查仪进入工作状态。

2）直流模拟量输出

将"输出选择"旋钮旋到"输出 1"，此时"直流电压"显示"输出 1"区"0～30V"通道的输出电压，连接数字多用表到"0～30V"通道。转动"输出 1 调节"旋钮，直到数字多用表的显示值为输出电压的最小值和最大值，并记录输出范围；转动"输出 1 调节"旋钮，直到"直流电压"显示 1/2 最大量程电压，将数字多用表的表笔插入输出端钮的插孔里，记录数字多用表的直流电压指示值。然后可以将"输出选择"旋钮分别旋到"输出 2"和"输出 3"，对"0～+10V"通道和"−10～0V"通道按上述步骤操作。

3）交流模拟量输出

将"输出选择"旋钮旋到"输出 4"，此时"交流电压"显示"输出 4"区输出的交流电压。转动"输出 4 调节"旋钮，直到"交流电压"显示值为输出电压的最小值和最大值，记录输出范围；转动 "输出 4 调节"旋钮，直到"交流电压"显示最大量程电压，将数字多用表的表笔插入输出端钮的插孔里，记录标准检查仪的交流电压指示值。

4）开关量输出

用数字多用表测量"开关量"区的"28.5V H"接线柱相对于"L"接线柱上的电压，并测量"开关量"区的"高阻"接线柱与"L"接线柱间的电阻，记录测量值。

5）结束工作

检验结束后，将电源选择开关拨到向下位置，然后从电源插座上拔下电源电缆，并盖好箱盖。

7.4 本章小结

本章从飞参通道标校设备的设计原则和功能需求出发，从系统总体设计、设备面板布局和软硬件设计等方面详细介绍了无线电高度检查仪、振动检查仪和标准检查仪飞参通道标校设备的设计与实现，为飞参通道标校工作的实施提供了硬件平台。

第8章

飞参通道标校的工程实现研究

飞参通道标校是一项系统性的工作，其操作实施受多种因素的影响和制约，必须从对标校工作进行整体优化的方向出发，结合飞参数据的采集方式、飞参通道的结构特性和外场条件等因素，制定切实可行、经济高效的标校工艺，从而提高标校工作的效率。

 8.1 标校工艺制定的原则

标校工艺的制定一般遵循如下原则。

1. 可行性原则

可行性原则是指在确保标校工艺操作可行的同时兼顾经济可行性等因素，因地制宜，制定切实可行的标校工艺。

2. 规范性原则

标校过程的规范性直接影响标校结果的精度，因此，必须在充分调研、反复试验的基础上制定规范性高的标校工艺。

3. 安全性原则

安全性原则是指必须对操作流程和人员配置进行严格的规定，防止在标校过程中因设备的移动或拆装给飞机机身带来损伤。

4. 便捷性原则

便捷性原则是指综合考虑人员分工、设备配置和传感器拆装等方面的因素，制定经济高效的标校工艺，从而达到提高工作效率、节省人力和物力的目的。

8.2　飞参通道标校工艺

本节以为某型飞机制定的标校工艺为例，按照标校类别的不同，选取了几个典型飞参通道来研究飞参通道标校工作的实施方法。各飞参通道的标校工作按照对应的标校工艺卡来进行，并将标校数据记录在标校数据记录卡中。

8.2.1　插值标校

插值标校分为激励标校和模拟标校两种，这里分别选取方向舵角位移通道和左发动机排气温度通道来介绍激励标校和模拟标校的标校工艺。其中，方向舵角位移通道的标校工艺卡和标校数据记录卡见附录 A。

1. 方向舵角位移通道标校工艺

1）准备工作

（1）准备相关设备和工具，包括操纵系统位移测量装置、飞参外场检测处理机，以及一字解刀和十字解刀等工具。

（2）进行人员分工和工作现场的布置，检查标校设备。

2）操作过程

（1）按操纵系统位移测量装置使用说明书的要求，用专用夹具固定好测量传感器。

（2）在飞机断电的情况下，用电缆将飞参外场检测处理机输入端连接至飞机机身右侧起落架舱40框飞参检测插座上。

（3）操作地面液压车给飞机供压。

（4）接通地面直流电源前舱 ZKC 配电板上的飞参记录仪断路器和前舱右断路器板上的飞参校验器断路器。

（5）接通飞参外场检测处理机电源开关，在确认飞参外场检测处理机自检通过后，单击 FGS 主界面的"系统维护"主菜单，在下拉子菜单中选择"启动采集记录"选项，再通过选择"强迫启动"或"自然启动"选项使飞参外场检测处理机进入实时监控界面。

（6）在座舱内，根据方向舵角位移通道标校数据记录卡踩踏脚蹬，给定标准角度信号，记录飞参外场检测处理机监控界面的方向舵角位移测量值。方向舵角位移通道标校数据记录格式如表8-1所示。

表8-1 方向舵角位移通道标校数据记录格式

角度值	极值	-25°	-15°	-5°	0°	+5°	+15°	+25°	极值
代码									

（7）标校结束后，操作人员在标校数据记录卡上签字，负责人进行检查并签字认可。

方向舵角位移通道标校相关操作如图 8-1 所示。

（a）安装传感器

（b）踩踏脚蹬

（c）给定标准角度信号

（d）读取代码

图 8-1 方向舵角位移通道标校相关操作

3）结束作业

（1）拆下测量传感器，断开飞参记录仪各开关。

（2）关闭飞参外场检测处理机和操纵系统位移测量装置，断开电源，并拆下飞参外场检测处理机电缆，堵上地面维护插座的堵盖。

（3）清理工作现场，清点工具，整理设备和工具并带回。

2. 左发动机排气温度通道标校工艺

1）准备工作

（1）准备相关设备和工具，包括通用检查仪、飞参外场检测处理机，以及一字解刀、十字解刀、尖嘴钳、克丝钳、熔断器等工具。

（2）进行人员分工和工作现场的布置，检查标校设备。

2）操作过程

（1）在断电条件下，将左发动机的左发 4 号插头拆下。

（2）用连接电缆将通用检查仪毫伏输出的正端接 4 号插头 B、负端接 4 号插头 A。

（3）用电缆将飞参外场检测处理机输入端连接至飞机机身右侧起落架舱 40 框飞参检测插座上。

（4）接通地面直流电源前舱 ZKC 配电板上的飞参记录仪断路器和前舱右断路器板上的飞参校验器断路器。

（5）接通飞参外场检测处理机电源开关，在确认飞参外场检测处理机自检通过后，单击 FGS 主界面的"系统维护"主菜单，在下拉子菜单中选择"启动采集记录"选项，再通过选择"强迫启动"或"自然启动"选项使飞参外场检测处理机进入实时监控界面。

（6）接通前舱右断路器板上的排气温度表开关。

（7）根据左发动机排气温度通道标校数据记录卡操作通用检查仪，进行标准毫伏信号的给定，记录飞参外场检测处理机监控界面的左发动机排气温度测量值，同时查看排气温度表指示值与给定的标准毫伏信号是否存在明显偏差。左发动机排气温度通道标校数据记录格式如表 8-2 所示。

（8）标校结束后，操作人员在标校数据记录卡上签字，负责人进行检查并签字认可。

表 8-2 左发动机排气温度通道标校数据记录格式

温度值/℃	0.0	500.0	600.0	700.0	785.0	860.0	900.0
电压值/mV	0	20.642	24.902	29.128	32.665	35.718	37.325
代码							

3）结束作业

（1）关闭飞参外场检测处理机和通用检查仪，断开电源；断开排气温度表和飞参记录仪各开关。

（2）拆下飞参外场检测处理机电缆，堵上地面维护插座的堵盖；拆下专用连接电缆，恢复 4 号插头的连接，按使用维护说明书恢复通用检查仪。

（3）清理工作现场，清点工具，整理设备和工具整理并带回。

3．插值标校实例

某型飞机发动机排气温度为 500～900℃，在规定条件下，对其左发动机排气温度通道进行标校，并记录相关标校数据，如表 8-3 所示。

表 8-3 左发动机排气温度通道标校数据

物理量工程值	0.0	500.0	600.0	700.0	785.0	860.0	900.0
新代码	0	1 955	2 420	2 913	3 315	3 850	4 096
旧代码	0	1 967	2 423	3 007	3 309	3 862	4 095

从表 8-3 中可以看出，左发动机排气温度通道的数据解码关系发生了改变，说明对该通道进行标校是十分必要的。将本次标校的记录数据输入飞参地面站数据处理软件，可以得到左发动机排气温度参数的校准曲线，如图 8-2 所示。

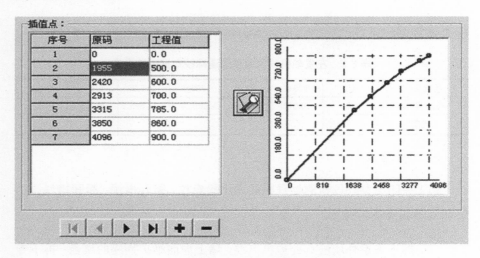

图 8-2　左发动机排气温度参数的校准曲线

8.2.2　验证性标校

频率量信号、数字量信号和其他辅助参数的验证性标校一般采用通电或试车的方法进行，操作方法比较简单，这里不再赘述。下面是对开关量参数的验证性标校选取剩油 1 000kg 告警进行标校实施步骤的介绍。

1．准备工作

（1）准备相关设备和工具，如标准检查仪、飞参外场检测处理机，以及一字解刀、十字解刀、尖嘴钳、克丝钳、熔断器等工具。

（2）进行人员分工和工作现场的布置，检查标校设备。

2．操作过程

（1）在断电条件下，打开机身前组 2 号油箱，将 2 号油箱的油量传感器的插头拆下。

（2）用电缆将飞参外场检测处理机输入端连接至飞机机身右侧起落架舱 40 框飞参检测插座上。

（3）接通地面直流电源前舱 ZKC 配电板上的飞参记录仪断路器和前舱右断路器板上的飞参校验器断路器。

（4）接通飞参外场检测处理机电源开关，在确认飞参外场检测处理机自检通过后，单击 FGS 主界面的"系统维护"主菜单，在下拉子菜单中选择"启动采集记录"选项，再通过选择"强迫启动"或"自然启动"选项使飞参外场检测处理机进入实时监控界面。

（5）接通前舱右断路器板上的两个油量表断路器，再接通前舱左操纵台上的油量表开关；用连接电缆将标准检查仪的开关量信号正输出端与 2 号油箱的油量传感器插头的 4 号端口就近搭铁。

（6）用标准检查仪进行开关量信号的给定，并记录飞参外场检测处理机开关量显示窗口中的剩油告警信号状态显示和剩油 1 000kg 告警灯指示状态，将相关标校数据记录在剩油 1 000kg 告警参数标校数据记录卡中。剩油 1 000kg 告警参数标校数据记录格式如表 8-4 所示。

表 8-4 剩油 1 000kg 告警参数标校数据记录格式

标准检查仪给定的开关量信号	28.5V	0V
剩油 1 000kg 告警指示灯的状态		
飞参外场检测处理机剩油 1 000kg 告警信号状态显示		

（7）标校结束后，操作人员在标校数据记录卡上签字，负责人进行检查并签字认可。

3．结束作业

（1）关闭飞参外场检测处理机和标准检查仪，断开电源；断开前舱 ZKC

配电板上的飞参记录仪断路器和前舱右断路器板上的飞参校验器断路器。

（2）拆下飞参外场检测处理机电缆，堵上地面维护插座的堵盖；拆下专用连接电缆，恢复 2 号油箱的油量传感器的状态，按使用维护说明书恢复标准检查仪。

（3）清理工作现场，清点工具，整理设备和工具并带回。

8.3　本章小结

飞参通道标校是保证飞参数据记录准确性的重要手段，是开展基于飞参数据的各项研究工作的基础。本章对标校工艺的制定及飞参通道标校的现实指导作用进行了研究，主要包括以下内容。

（1）介绍了标校工艺制定的原则。

（2）按照标校类别的不同，选取典型飞参通道制定了某型飞机飞参通道的标校工艺。

结　束　语

飞参通道标校是保证飞参数据记录准确性的重要环节，本书围绕飞参通道标校的原理与工程实现进行了一系列的研究，内容涵盖了飞参通道标校理论体系的构建、标校设备的研发设计和飞参通道标校的工程实现等。通过研究，可以得到以下结论。

（1）由于在采集、传输和记录过程中一系列误差因素的综合影响，飞参数据中不可避免地存在测量误差，为此提出了飞参通道标校理论，并从标校方法分类、标校所需设备、标校实施办法和标校数据处理四方面对飞参通道标校的方法进行了详细的阐述，为飞参通道标校工作的开展奠定了理论基础。

（2）结合当今飞参通道标校需求现状，从飞参通道标校设备的设计原则出发，详细研究了操纵系统位移测量装置、油液压力给定装置、通用检查仪、无线电高度检查仪、振动检查仪和标准检查仪六项飞参通道标校设备，为飞参通道标校的实施提供了硬件平台。

（3）飞参通道标校工作的实施受多种因素的影响和制约，因此制定切实可行、经济高效的标校工艺来规范标校工作的操作流程是至关重要的。本书选取典型飞参通道制定了某型飞机飞参通道的标校工艺，并根据近年来开展飞参通道标校工作的理论与实践经验，以读卡的形式来指导和规范开展飞参通道标校工作。

飞参通道标校是一种有效的飞参数据校准方法，但其理论和应用研究尚不完善，本书对以下几方面的研究还不够深入，需要在今后继续研究。

（1）飞参数据中包含的飞参通道设计不完善造成的原理性误差无法通

过飞参通道标校彻底解决。例如，部分机型飞机的飞参系统在采集发动机排气温度参数时未考虑冷端补偿带来的误差等。此外，飞参通道中测量设备工作性能不完善造成的非重复性系统误差，也无法通过飞参通道标校完全消除。针对这些误差，应当研究新的飞参数据校准方法，使其得到有效解决。

（2）标校数据的取点间隔对于参数校准的精度至关重要。为了避免数据抖动影响参数校准曲线的推广能力，要求减少标校数据量，即增大标校数据的取点间隔。但取点间隔过大、标校数据点太少会加大标校数据超出允许误差范围的风险，且拟合的参数校准曲线的泛化能力不强。因此，对于不同的飞参通道如何确定最佳取点间隔，应该进行详细的研究。

（3）飞参通道的信号传输特性直接影响整个飞参系统的参数采集性能。飞机在飞行过程中，其飞参通道的信号传输特性受环境温度、湿度、大气压力和电源波动等多种因素的影响。由于模拟这些外界条件难度太大，本书在研究飞参通道标校技术时没有考虑这些外在因素的影响，这在一定程度上降低了标校的精度，所以应对标校方法进行改进，以便最大限度地减小飞参数据的测量误差。

飞参数据应用研究的蓬勃发展使得对其准确性的要求不断提高，为此，既要逐步改进标校技术和标校方法，又要不断完善标校设备的工作性能，以提高飞参通道标校的精度。相信随着飞参通道标校技术的不断发展，一定可以在投入相对较小的条件下，迅速提高机务维护信息化、智能化的水平，实现飞参数据处理技术和机务维修保障技术的跨越式发展。

附录 A

飞参通道标校工艺卡片

表 A-1 某型飞机方向舵角位移通道标校工艺卡

飞参系统标校工艺	操作卡 NO.xxx	标校通道	方向舵角位移通道	
操作人员	特设人员 1 名（甲），一线人员 1 名（乙），操作人员 1 名（丙），机械人员若干			
标校工具、设备	操纵系统位移测量装置、飞参外场检测处理机			
	一字解刀、十字解刀等			
标校工作实施步骤				注意事项
准备工作	进行人员分工及工作现场的布置，检查标校设备			
操作过程	① 按操纵系统位移测量装置使用说明书的要求，用专用夹具固定好测量传感器； ② 在飞机断电情况下，用电缆将飞参外场检测处理机输入端连接至飞机机身右侧起落架舱 40 框飞参检测插座； ③ 操作地面液压车给飞机供压； ④ 接通地面直流电源前舱 ZKC 配电板上飞参记录仪断路器和前舱右断路器板上的飞参校验器断路器； ⑤ 接通飞参外场检测处理机电源开关，在确认飞参外场检测处理机自检通过后，单击 FGS 主界面的"系统维护"主菜单，在下拉子菜单中选择"启动采集记录"选项，再通过选择"强迫启动"或"自然启动"选项使处理机进入实时监控界面； ⑥ 在座舱内，根据方向舵角位移通道标校数据记录卡踩踏脚蹬，给定标准角度信号，记录飞参外场检测处理机监控界面的方向舵角位移测量值； ⑦ 标校结束后，操作人员在标校数据记录卡上签字，负责人进行检查并签字认可			
结束作业	① 拆下测量传感器，断开飞参记录仪各开关； ② 关闭飞参外场检测处理机和操纵系统位移测量装置，断开电源，并拆下飞参外场检测处理机电缆，堵上地面维护插座的堵盖； ③ 清理工作现场，清点工具，整理设备和工具并带回			

表 A-2　某型飞机方向舵角位移通道标校数据记录卡

单位	xxx		飞机号	xxx		工作日期	xxx	
标校通道	方向舵角位移通道					标校卡号	NO.xxx	
标校原因								

角度值	极值	−25°	−15°	−5°	0°	+5°	+15°	+25°	极值
代码									

备注：方向舵左偏角度为"+"，右偏角度为"−"。

签字	操作人		记录人		负责人	

参 考 文 献

[1] 曲建岭，唐昌盛，李万泉．飞参数据的应用研究现状及发展趋势[J]．计测技术，2007，27(6)：1-3.

[2] 朱青云，陈志伟，王智，等．飞参采样数据的真实峰谷值恢复方法[J]．数据采集与处理，2008，23(S)：42-46.

[3] 童梅，董伟凡，韩连平．飞行再现系统的实现及其在飞行参数处理中的应用[J]．计算机仿真，2002，19(1)：63-65.

[4] 孙同江．飞行数据的应用研究[D]．南京：南京航空航天大学，2003.

[5] 海雯炯，张家峰，赵树峰．基于飞参数据的发动机状态监控方法研究[J]．装备制造技术，2006(3)：5-7.

[6] 邱智．飞参记录数据处理方法研究[J]．科技信息，2007(18)：123，157.

[7] 邸亚洲，尚希良，殷磊．样条插值在飞参数据时间标校中的应用[J]．测控技术，2009，28(10)：44-45.

[8] 李映颖，姚本军，郑卫东，等．飞参数据的野值与故障值的判别研究[J]．计量与测试技术，2009，36(9)：3-4.

[9] 于建立．航空发动机飞参判据研究[J]．价值工程，2012(22)：47-48.

[10] 刘正士，王勇，陈恩伟，等．传感器建模误差对其动态性能补偿效果影响的定量分析[J]．计量学报，2006，27(3)：80-105.

[11] 廉筱纯，吴虎．航空发动机原理[M]．西安：西北工业大学出版社，2005：137-185.

[12] Louis A．Urban．Gas Path Analysis Applied to Turbine Engine Condition Monitoring[J]．Journal of Aircraft，1973，10(7)：400-406.

[13] Schultz J T，Fron S，Schultz M C. Integration of the SHEL Model with the Flight Operational Quality Assurance Program[J]. collegiate aviation review，2005，23(1)：79-89.

[14] 赵岷. 联合攻击战斗机（JSF）[J]. 世界空军装备，2002(2)：23-24.

[15] Hill A. The Flying Object：A Flight Data Management Concept[J]. IEEE A&E SYSTEMS MAGAZINE，2004，19(4)：11-16.

[16] Mcdade T M. Advances in Flight Data Acquisition and Management Systems[C]//Allied Signal Air Transport and Regional. IEEE，Washington，Redmond，1998：12.1-12.8.

[17] Gao Z，Liang X，Li X S. Technological Research on ATE System Calibration[J]. Journal of Electronic Measurement and Instrument，2005，19(2)：1.

[18] 李永明，王俭勤，郑晋光，等. 国外标准化通用航空电子自动测试设备现状和发展[J]. 计算机测量与控制，2004，12(1)：1-2.

[19] 张波，陈岩申，张桂芝. 外军电子自动测试系统及其相关技术的应用与发展情况研究[J]. 计算机测量与控制，2002，10(1)：2.

[20] Chen W，Cui S H. Design and Realization of Automatic Calibration for Automatic Test System Based on Virtua Instrument[J]. Instrument Technology，2006(6)：43-44.

[21] Yang X，Wang G. Planar point set fair and fitting by arc splines[J]. Computer -Aided Design，2001，33(1)：35-43.

[22] Trammel C，Vossler G，Feldmann M. UK Ministry of Defence generic health and usage monitoring system (GenHUMS)[J]. Aircraft Engineering & Aerospace Technology，1997，69(5)：414-422.

[23] 杜金榜，王跃科，王湘祁，等. 军用自动测试设备的发展趋向[J]. 计算机自动测量与控制，2001，9(5)：1-3.

[24] 唐昌盛，曲建岭. 基于 RBF 神经网络的飞行数据预处理[J]. 计测技术，2007，27(5)：58-62.

[25] 胡潮江. 飞机飞参系统及应用[M]. 北京：国际工业出版社，2012.

[26] 付雅斌. 基于飞参数据的直升机飞行动作识别方法研究[D]. 长春：吉林大学，2015.

[27] 吴建刚，陈志伟，李曙林，等. 飞参记录数据计算机处理的有关问题研究[J]. 计算机仿真，2007，24(2)：18-21.

[28] 王文杰，李开宇，张耀东. 便携式飞行参数记录系统测试仪的设计[J]. 计算机与现代化，2009(8)：68-71.

[29] 王奇，诸新刚，杨笃伟. 飞行参数记录系统综合智能检测设备的设计[J]. 计算机测量与控制，2002，10(1)：47-49.

[30] 张宝诚. 航空发动机实验和测试技术[M]. 北京：北京航空航天大学出版社，2005.

[31] Lorenz S，Chowdhary G. Non-linear Model Identification for a Miniature Rotorcraft, Preliminary Results[C]// Ahs Forum 61，2005.

[32] 李富亮，雷勇. 航空发动机全流程参数实验中温度和压力测量综述[J]. 机械设计与制造，2010(3)：255-256.

[33] 汪明华. 飞行参数采集与处理系统和设计与实现[D]. 青岛：山东大学，2007.

[34] 梁晋文，陈林才，何贡. 误差理论与数据处理[M]. 北京：中国计量出版社，1989.

[35] 余学锋，张华. 传感器测量误差分布模型的归一化处理方法与分析[J]. 中国测试，2009，35(1)：37-39.

[36] Buckland J H，Musgrave J L，Walker B K. On-Line Implementation of nonlinear Parameter Estimation for the Space Shuttle Main Engine[C]//Fourth Annual Health Monitoring Conference，Cincinnati，Ohio，1992：17-18.

[37] 冯志书，李晓明．某型航空发动机排气温度测量原理研究[J]．装备制造技术，2010(4)：41-42．

[38] Wu Y，Hu D，Wu M，etal．Unscented Kalman filtering for additive noise case: Augmented versus non-augmented[J]．IEEE Signal Processing Letters，2005，12(5)：357-360．

[39] 吴文海．飞行综合控制系统[M]．北京：航空工业出版社，2007：40-59．

[40] Mallegol S，Boglioly A．Airborne warning and control system aircraft[J]．Journal of Electronic Defense，2000，1(1)：47-52．

[41] Enders J H．Study Urges Application of Flight Operational Quality Assurance Methods in U．S．Air Carrier Operations[J]．Flight Safety Digest，1998，17(9)：37-46．

[42] 田小芳，陆起涌，熊超．基于加速度传感器的倾角仪设计[J]．传感技术学报，2006，19(2)：361-363．

[43] 马建仓，胡士峰，邵婷婷．三轴磁阻电子罗盘设计[J]．火力与指挥控制，2009，34(3)：142-144．

[44] 江杰，何敬．基于磁感式和 MEMS 加速度传感器的电子罗盘设计[J]．技术与应用，2009(4)：25-27．

[45] 黄葵、朱兴动，应用 OpenGL 再现三维航迹[J]．计算机应用，2002，22(4)：48-49．

[46] 陈曦．基于类战斗机座舱人机界面的拖靶遥测显示软件设计[J]．宇航计测技术，2010，30(3)：62-66．

[47] 范逸之，陈立元．Visual Basic 与 RS-232 串行通信控制[M]．北京：清华大学出版社，2002．

[48] 黄天强．基于 VB6.0 的 RS232 串行口通信研究与实现[J]．科技信息，2010(31)：67-68．

[49] 刘高君，李志荣．VB 实现 PC 与变频器串行口通信[J]．实验科学与技术，2010，8(4)：31-32．

[50] 张艳红，刘兵武，刘理天，等．TPMS 硅基压阻式压力传感器的研制[J]．传感技术学报，2006，19(5)：1822-1825．

[51] Fleming W J．Overview of Automotive Sensors[J]．IEEE Sensors J，2001，1：296-308．

[52] Ali M，Gillispie J，McKinlay R D．8051 微控制器和嵌入式系统[M]．严隽永，译．北京：机械工业出版社，2007．

[53] 周航慈，朱兆优，李跃忠．智能仪器原理与设计[M]．北京：北京航空航天大学出版社，2005．

[54] 毛省利，杜晓伟，白丽竹．直流电位差计的线路分析与维修[J]．计量与测试技术，2010，37(5)：31-33．

[55] 潘文诚．智能型直流电位差计的研制[J]．仪表技术与传感器，2004(2)：37-39．

反侵权盗版声明

电子工业出版社依法对本作品享有专有出版权。任何未经权利人书面许可，复制、销售或通过信息网络传播本作品的行为；歪曲、篡改、剽窃本作品的行为，均违反《中华人民共和国著作权法》，其行为人应承担相应的民事责任和行政责任，构成犯罪的，将被依法追究刑事责任。

为了维护市场秩序，保护权利人的合法权益，我社将依法查处和打击侵权盗版的单位和个人。欢迎社会各界人士积极举报侵权盗版行为，本社将奖励举报有功人员，并保证举报人的信息不被泄露。

举报电话：（010）88254396；（010）88258888

传　　真：（010）88254397

E-mail：　dbqq@phei.com.cn

通信地址：北京市万寿路 173 信箱

　　　　　电子工业出版社总编办公室

邮　　编：100036